全国高等卫生职业教育创新型人才培养"十三五"规划教材

供医学美容技术等专业使用

形象设计

主　编　张效莉　孙　晶　廖　燕

副主编　方丽霖　周晓宏　陈芳芳　孙珊珊

编　者　（以姓氏笔画为序）

方丽霖　江西卫生职业学院

付姗姗　厦门医学院

曲丽娜　白城医学高等专科学校

孙　晶　白城医学高等专科学校

孙珊珊　山东中医药高等专科学校

张效莉　辽宁医药职业学院

陈芳芳　厦门医学院

周晓宏　辽宁医药职业学院

彭展展　江苏卫生健康职业学院

廖　燕　江西中医药高等专科学校

华中科技大学出版社
http://www.hustp.com
中国·武汉

内 容 简 介

本书是全国高等卫生职业教育创新型人才培养"十三五"规划教材。

本书共五章,包括形象设计概述、色彩学、化妆、发型、服饰的设计。本书实用性强,涉及范围广,以医学美容技术专业教学目标及该专业人才培养目标为依据,全面遵循 TPO 原则。

本书可供医学美容技术专业的教师、学生以及相关人员参考使用。

图书在版编目(CIP)数据

形象设计/张效莉,孙晶,廖燕主编. —武汉:华中科技大学出版社,2019.1(2024.1 重印)
全国高等卫生职业教育创新型人才培养"十三五"规划教材
ISBN 978-7-5680-4840-8

Ⅰ.①形… Ⅱ.①张… ②孙… ③廖… Ⅲ.①个人-形象-设计-高等职业教育-教材 Ⅳ.①B834.3

中国版本图书馆 CIP 数据核字(2018)第 290051 号

形象设计 张效莉 孙 晶 廖 燕 主编
Xingxiang Sheji

策划编辑:居　颖
责任编辑:张　琴
封面设计:原色设计
责任校对:刘　竣
责任监印:周治超

出版发行:华中科技大学出版社(中国·武汉)　　电话:(027)81321913
　　　　　武汉市东湖新技术开发区华工科技园　　邮编:430223
录　　排:华中科技大学惠友文印中心
印　　刷:武汉科源印刷设计有限公司
开　　本:787mm×1092mm　1/16
印　　张:8
字　　数:201 千字
版　　次:2024 年 1 月第 1 版第 5 次印刷
定　　价:39.80 元

本书若有印装质量问题,请向出版社营销中心调换
全国免费服务热线:400-6679-118　竭诚为您服务
版权所有　侵权必究

全国高等卫生职业教育创新型人才培养"十三五"规划教材

编委会

委　员（按姓氏笔画排序）

申芳芳	山东中医药高等专科学校	周　围	宜春职业技术学院
付　莉	郑州铁路职业技术学院	周丽艳	江西医学高等专科学校
孙　晶	白城医学高等专科学校	周建军	重庆三峡医药高等专科学校
杨加峰	宁波卫生职业技术学院	赵　丽	辽宁医药职业学院
杨家林	鄂州职业大学	赵自然	吉林大学白求恩第一医院
邱子津	重庆医药高等专科学校	晏志勇	江西卫生职业学院
何　伦	东南大学	徐毓华	江苏卫生健康职业学院
陈丽君	皖北卫生职业学院	黄丽娃	长春医学高等专科学校
陈丽超	铁岭卫生职业学院	韩银淑	厦门医学院
陈景华	黑龙江中医药大学佳木斯学院	蔡成功	沧州医学高等专科学校
武　燕	安徽中医药高等专科学校	谭　工	重庆三峡医药高等专科学校
周　羽	江苏医药职业学院	熊　蕊	湖北职业技术学院

前言
QIANYAN

随着人们生活水平的不断提高,人们对美的追求越来越强烈,人们不再局限于面部的保养,更注重整体的化妆与修饰和国际TPO原则的广泛应用。因此,提高全民审美观念、塑造全新自我势在必行。

目前,美容高级人才十分紧缺,这直接制约着美容行业的发展,也制约着人们审美观念的提高,这就迫切需要高等美容教育专业培养出既懂美容理论,又会实践操作,更能为社会做出贡献的人才。为了教学的发展及为相关专业提供指导,我们组织编写了这本《形象设计》教材。

本教材实用性强,涉及范围广,以医学美容技术专业教学目标及该专业人才培养目标为依据,全面遵循TPO原则,将设计中的形与色有机地结合起来,涵盖了色彩、化妆、发型、服装、饰品等多方面内容,可供本专业教师、学生以及相关人员参考使用。

本教材编写人员均为各院校多年从事美容专业教学的骨干教师,有着丰富的教学经验。此教材注重培养学生的动手能力,力求突出新颖性、科学性、生动性。学生在获得形象设计基础理论知识的同时,提高了对形象设计的认识和设计能力,创新意识得到培养,从而能发展地看问题,活学活用,做到触类旁通、举一反三。

书中参考了大量的相关书籍,在此对原作者表示衷心感谢。由于编者水平有限,加上时间仓促,不足之处在所难免,恳请同行专家和广大师生批评指正。

编者

目录

第一章　形象设计概述　　　　　　　　　　　　　/ 1
　第一节　形象设计基础知识　　　　　　　　　　/ 1
　第二节　人体的基本构造与人体美学　　　　　　/ 5
　第三节　形象设计的流程　　　　　　　　　　　/ 9
第二章　色彩学　　　　　　　　　　　　　　　　/ 12
　第一节　色彩的基础知识　　　　　　　　　　　/ 12
　第二节　色彩的各种关系及技巧　　　　　　　　/ 18
第三章　化妆　　　　　　　　　　　　　　　　　/ 26
　第一节　化妆的概述　　　　　　　　　　　　　/ 26
　第二节　化妆品和化妆用具　　　　　　　　　　/ 31
　第三节　化妆的基本技巧和方法　　　　　　　　/ 41
　第四节　各种妆型的化妆技巧　　　　　　　　　/ 55
第四章　发型　　　　　　　　　　　　　　　　　/ 60
　第一节　头发的护理　　　　　　　　　　　　　/ 60
　第二节　发型设计的方法　　　　　　　　　　　/ 61
　第三节　盘发技巧　　　　　　　　　　　　　　/ 70
第五章　服饰的设计　　　　　　　　　　　　　　/ 79
　第一节　服饰设计的概述　　　　　　　　　　　/ 79
　第二节　服饰与身材　　　　　　　　　　　　　/ 106
　第三节　场合穿着　　　　　　　　　　　　　　/ 110
　第四节　男士服饰设计搭配　　　　　　　　　　/ 116
　第五节　饰品的分类和搭配法则　　　　　　　　/ 117
参考文献　　　　　　　　　　　　　　　　　　　/ 119

第一章 形象设计概述

第一节 形象设计基础知识

一、形象设计概念

(一) 形象

在《现代汉语词典》中,形象被解释为能引起人的思想或情感活动的具体形体或姿态。它是社会公众对个体的整体印象和评价,是人的内在素质和外形表现的综合反映,是形、神、质的完美结合。

通常地,我们把形象分为广义和狭义两种:广义的形象是指人和物,包括社会的、自然的环境和景物;狭义的形象专指具体人的容貌、形体、行为、服饰、气质、风度、礼仪,以及心灵等所构成的综合整体形象。

我们在本书中介绍的是个人形象,也就是一个人的外表或容貌,也是一个人内在品质的外部反映,它是反映一个人内在修养的窗口。形象设计师可以通过各种表现技法来展现人们的价值观、人生观,从而体现每个人特有的审美。

从心理学的角度来看,形象是他人通过观察、聆听和接触等各种感觉形成的对某个人的整体印象,但个人形象并不等于个人本身,而是他人对个人的外在感知,不同的人对同一个人的感知不会是完全相同的,因为它的正确性受人的主观意识影响,因此在认知过程中人的大脑会产生不同的形象。可见,人体形象设计师不是一个简单的墨守成规的职业,他不仅需要掌握良好的美学知识,还要具有创新能力,这样塑造的形象才能被人们普遍接受和认可。

(二) 设计

设计一词在《现代汉语词典》中的解释为:在正式做某项工作之前,根据一定的目的要求,预先制定方法、图样等。

设计与纯美术不同,它是一个从计划到蓝图,再根据蓝图经过工艺流程加工制作的完整过程,一个好的形象设计师在设计之前一定会仔细观察,扬长避短,充分利用好各种条件,而好的设计是需要灵感,需要创意的。所谓"众人举柴火焰高",一个完美的设计需要很多人的参与。

通常所说的形象设计主要是针对人或物的外表进行包装和塑造,应该包括发型设计、妆型设计、服饰设计、仪态塑造等是形象设计的重要构成部分。形象设计分类主要包括了个人形象、群体形象(含城市形象、国家形象)和以人为核心的外在景观。

(三)形象设计

形象设计可以分为品牌形象设计、行政企业形象设计及人物形象设计,而人物形象设计又分为生活形象设计、工作形象设计、居家形象设计、晚会形象设计、休闲形象设计、时尚形象设计等。本教材主要讲述的是人物形象设计,以下通常称为形象设计。

形象设计(image design)也称形象顾问,是指通过观察分析人物的自身生长特点,将个体、年龄、职业、身高、脸型、肤色、发质、个性、气质、风度、言谈举止等综合因素扬长避短,进行恰到好处的修饰与搭配,从而塑造出一个自然、和谐、不拘于个性特点又被公众认可的全新形象。

通过概念可知,形象设计并不仅仅局限于适合个人特点的化妆、发型和服饰,也包括内在素质的礼仪表现。可见,要想设计出令顾客满意的新形象,形象设计师就需要得心应手地利用各个因素,这对形象设计师提出了更高的要求,形象设计师必须能够全面掌握各方面知识,还要学会融会贯通,从而创新立意。所以形象设计是一个需要不断积累经验的职业,随着设计作品的不断出炉,塑造的形象会越来越多,经验会越来越丰富。

二、形象设计要素

近年来,由于加强了与国际的交流,国外的形象设计体系渐渐进入国内,也使国内的形象设计行业有了新的生机。随着人们生活水平的提高,人们开始特别注重自己的形象,无论是政界要人、商界领袖、演艺界明星,还是平民百姓,都希望有一个良好的个人形象展示在公众面前。所以形象设计作为一门新兴的综合艺术学科,已经成为我们生活中不可缺少的一部分。

掌握了形象设计的要素,就等于掌握了形象设计的艺术原理,也就拿到了开启形象设计大门的钥匙。形象设计的要素包括:色彩要素、体型要素、发型要素、化妆要素、服装要素、配饰要素、个性要素、心理要素、文化修养要素等。

1. 色彩要素

世界上的万物都是形体的聚合物,但是万物的形是由色彩体现出来的,也就是说有色才有形,色形不分家。色、形、神韵是个结合体,无论造型艺术如何发展,三者都必须具备,因为只有色彩,世界才会五彩斑斓,色彩是形象设计的要素。

色彩是通过眼、脑和我们的生活经验所产生的一种对光的视觉效应。人对颜色的感觉不仅仅由光的物理性质所决定,比如人类对颜色的感觉往往受到周围颜色的影响。有时人们也将物质产生不同颜色的物理特性直接称为颜色。任何一种色彩都有它特定的明度、色相和纯度这三种基本属性,属性不同决定着不同的色彩。不同的色彩又能反映不同的个性和民族的文化特色。色彩有轻重感、冷暖感、前进感和后退感,甚至还能发挥治病功能。

形象设计师的每一次形象设计都离不开风格与色彩的搭配关系。就色彩而言,色彩需要有独特的风格形式作为载体,形象设计师应该找到色彩与风格之间的规律,因人而异,找出不同肤色和不同气质的细微差别,设计出准确到位的新形象。

2. 体型要素

体型反映的是身体各部分的比例。例如躯干上下之间的比例,身高与肩宽的比例,胸围、腰围与臀围之间的比例等等。女士理想体型为肩窄臀丰满的正梯形,男士理想体型为肩宽臀窄的倒梯形(图1-1)。

但现实生活中体型有很多,像以字母形分类的H、X、A、O、Y形,以几何图形命名的倒三

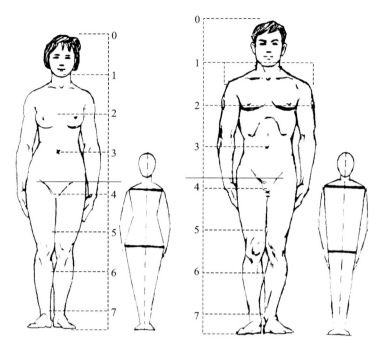

图 1-1 男女理想体型

角形、直筒形、椭圆形、圆筒形,还有以水果形状命名的梨形、葫芦形、苹果形,以及以脂肪蓄积命名的瘦长型、中间型、肥胖型等众多类型。形象设计师要根据不同体型的特点扬长避短,按理想的体型进行最大化的弥补。这些可以通过服装款型的设计和饰物的搭配来完成。

3. 发型要素

发型同样影响着一个人的形象,不同的发型会带给人不同的气质和形象。发型的款式设计要与人的脸形、体型、肩型、肤色、季节,以及人物的职业、年龄及个性特点相匹配,形象设计师应在设计前与顾客进行充分沟通,了解顾客的个人喜好,然后再结合具体情况,做出适合人物特点的发型,适合的发型会使顾客形象焕然一新,增加顾客的自信。好的发型作品应该是在头发自然美的基础上增添艺术美,起到装饰人体、增强人的精气神的作用。

4. 化妆要素

化妆,亦可以叫化装,是运用化妆品和工具,应用视错觉原理,对面部五官进行调整和修饰,增加面部的轮廓感和立体感,使面部符合审美标准,增添人物独有的自然美感和魅力。

化妆自古以来就受到爱美人士的青睐。随着时代的发展,化妆品和化妆用具不断更新,使过去简单的化妆扩展到当今的化妆保健,使化妆有了更多的内涵。"淡妆浓抹总相宜",淡妆要求自然、典雅,浓妆要求华丽、高贵。化妆要与合适的服饰、发型等要素和谐统一,合理利用化妆要素来展示自我、表现自我。化妆在形象设计中起着画龙点睛的作用。

5. 服装要素

服装要素在整个设计中视觉和触觉角度占据空间较大,是第一印象的主要产生依据,所以服装款式的选择、色彩的搭配及材质等要符合人物年龄、职业、性格、时代、民族等特征。所以对服装不仅要求洁净、保暖,更要求符合人物特征,达到对身形的合理修饰,使人物在形体的呈现上更加完美。

6. 配饰要素

配饰的种类很多，颈饰、头饰、手饰、胸饰、帽子、鞋子、包袋等都是人们在穿着服装时最常用的。由于每一类配饰所选择的材质和色泽的不同，设计出的造型也千姿百态，能恰到好处地点缀服装和人物的整体造型。它能使灰暗变得亮丽，为平淡增添韵味。选择配饰搭配服装，能充分体现人的穿着品位和艺术修养。

7. 个性要素

整体形象的设计不宜千篇一律，在进行全方位包装设计时，要考虑一个重要的因素，即个性要素。回眸一瞥、开口一笑、站与坐、行与跑都会流露出人的本性特点。忽略人的气质、性情等个性条件，一味地追求潮流效仿，人云亦云，有时反而会起到相反的效果。只有当形、色与神韵达到有机结合时，才能创造一个自然得体的新形象。创造一个属于自己的、有特色的个人整体形象才是最高的境界。

8. 心理要素

心理状态直接会影响个体对美和审美标准的认识。人的个性有着先天的遗传和后天的塑造，而心理要素完全取决于后天的培养和完善。健康的心理会让个体正确认识自己的体象，能够积极主动地利用好自身条件来完善自己，而不是一味地改造，健康的心理是人们树立积极体象的第一步。

9. 文化修养要素

美不仅要外在的，更要内在的，这样才能达到整体的协调美，也是人们对美追求的最高境界。美丽的外表下蕴含丰富的内在才是形象设计师要努力塑造的形象。文化素质修养包括在社交中人物的谈吐、举止，对事物的认知深度和遇事的态度与表现力。良好的外在形象是建立在自身的文化修养基础之上的，而人的个性及心理素质则要靠丰富的文化修养来调节。注重了一定的文化修养，塑造的自身的新形象才能表达得更加具体、完善。

在形象设计中，只有充分利用好以上要素，形象设计师将其完美结合，才能塑造出一个最佳的适应时代潮流的新形象。

三、国际上的原则

形象设计是各个要素的整体结合，而每个要素的设计都要遵循国际上的TPO原则。

TPO是三个英语单词的缩写，T：time，表示时间。通常也用来表示日期、季节、时代。即设计要应时，在不同的时代、不同的季节、不同的日期设计出符合时间和时代特点的形象，例如白天工作时，女士应呈现能体现专业特点的职业形象，而宴会时就可变换成高贵典雅的晚宴形象等。P：place，表示地点、场所、位置、职位。位置不同，身份不同，所处的场所和地方不同，设计的形象应有所不同。从地点上讲，置身在室内或室外，是单位还是家中，是南方还是北方，是本地还是外地等等，在地点的变化中形象也理当有所不同。例如，穿泳装出现在海滨、浴场，是人们司空见惯的，但若在大街上或工作场所看到泳装的装扮，那就是不合时宜的另类形象了。O：object，表示目标、对象、目的。一般来讲，人们的外在形象往往体现着其一定的意愿，表达一定的意义，所以形象的设计应适应自己扮演的社会角色，要根据自己的工作性质、社交活动的具体要求，塑造出与自己身份、个性相协调的外在形象。

（张效莉　付姗姗）

第二节 人体的基本构造与人体美学

形象设计造型主要是在人体头面部客观条件的基础上实施的技巧,五官与脸型轮廓是依附于骨骼、肌肉与皮肤来的,所以在化妆设计之前一定要进行原形分析。形象设计师必须了解面部各部位的名称、解剖位置及有关美学知识,做到心中有数,有的放矢,从而达到预期的效果。

一、头面部骨骼与肌肉

(一) 颅骨

颅位于脊柱上方,成人的颅由23块颅骨组成(不含中耳的三对听小骨),多为扁骨或不规则骨,除下颌骨和舌骨外,其余各骨都通过缝或软骨连成一个整体。颅骨可分为后上部的脑颅骨和前下部的面颅骨两部分。

1. 脑颅骨 共8块,包括成对的颞骨、顶骨和不成对的额骨、筛骨、蝶骨、枕骨,共同组成颅盖和颅底。颅盖是由额骨、顶骨和枕骨构成;颅底是由前方的额骨和筛骨、后方的枕骨、两侧的颞骨和中部的蝶骨构成。脑颅围成颅腔,容纳和保护脑。

2. 面颅骨 共15块,包括成对的上颌骨、鼻骨、泪骨、颧骨、腭骨、下鼻甲骨和不成对的下颌骨、犁骨、舌骨。其中,下颌骨为面颅骨中最大者,分一体两支。下颌体呈蹄铁形,位于前部,上缘形成牙槽弓,牙槽弓有一列容纳牙根的深窝,称牙槽,两外侧面各有一小孔,称颏孔;下颌支是由下颌体后端向上耸出的长方形骨板,其上缘有两个突起,前方的突起,称冠突,后方的突起,称髁突。髁突上端膨大部分,称下颌头,与下颌窝相关节。下颌支内面中部有下颌孔,由此入下颌管,此管在下颌骨内走向前下方,开口于颏孔。下颌体与下颌支后缘会合处形成下颌角,可在体表扪及。面颅骨共同形成面部轮廓,构成眼眶、鼻腔和口腔的骨架。

由于人的种族不同,头颅大致可分为两大类:长头颅型和圆头颅型。白色人种、红色人种及黑色人种属于长头颅型,长头颅型的人种面部比较鼓突、立体。黄色人种属于圆头颅型,圆头颅型的人种面部较圆润、扁平。在化妆造型中,可以发挥不同头颅型的优势,以弥补弱势。

(二) 头肌

头肌可分为面肌和咀嚼肌两部分。

1. 面肌

面肌为扁而薄的皮肌,也称表情肌,主要分布在睑裂、口裂和鼻孔周围。面肌可分为环形肌和辐射状肌两种,多数起自颅骨的不同部位,止于面部皮肤。面肌的主要作用是牵拉表面皮肤、开大或闭合上述孔裂,产生各种表情。

(1) 口轮匝肌:位于口裂周围,收缩可闭口。

(2) 眼轮匝肌:位于睑裂周围,收缩可闭合睑裂。

(3) 枕额肌:位于颅顶部,扁而薄,由前面的额腹和后面的枕腹及之间的帽状腱膜构成,左、右各一。枕腹收缩可后拉帽状腱膜;额腹收缩可上提眉,且出现额部皱纹。

(4) 颊肌:位于口角两侧面颊深部,收缩可使颊部紧贴牙和牙龈,具有协助咀嚼和吸吮的作用。

2. 咀嚼肌

咀嚼肌位于颞下颌关节周围,包括咬肌、颞肌、翼内肌和翼外肌。

(1) 咬肌:长方形,位于下颌支外面,起自颧弓,止于下颌角外面。

(2) 颞肌:呈扇形,位于颞窝内,起自颞窝,止于下颌骨的冠突。

咬肌、颞肌作用为上提下颌骨。

(3) 翼内肌和翼外肌:均起自翼突,分别止于下颌角内面和下颌颈。其作用为:翼内肌上提并向前运动下颌骨;翼外肌使下颌头向前,做张口运动。两侧翼内肌和翼外肌交替收缩,使下颌骨向左、右移动,做研磨动作。

二、面部各部位名称及五官比例

(一) 面部外观

(1) 额:眉毛至发际线的位置。

(2) 眉棱:生长眉毛的鼓突部位。

(3) 眉毛:位于眶上缘的一束弧形的短毛。

(4) 眉心:两眉之间的部位。

(5) 眼睑:环绕眼睛周围的皮肤组织,其边缘长有睫毛,俗称"眼皮"。眼睑分为上眼睑和下眼睑。

(6) 眼角:亦称眼眦。眼角分为内眼角和外眼角。

(7) 眼眶:眼皮的外缘所构成的眶。

(8) 鼻梁:鼻子隆起的部位,最上部称鼻根,最下部称鼻尖。造型时通常用高光增加其立体感。

(9) 鼻翼:鼻尖两旁的部位。

(10) 鼻唇沟:鼻翼两旁凹陷下去的部位。

(11) 鼻孔:鼻腔的通道。

(12) 面颊:位于脸的两侧,从眼到下颌的部位。

(13) 唇:口周围的肌肉组织,通常称"嘴唇"。

(14) 颌:构成口腔上部和下部的骨头和肌肉组织,上部称上颌,下部称下颌。

(15) 颏:位于唇下,脸的最下部分,俗称"下巴颏儿"。造型时通常用高光增加其立体感。

(16) 下颌角:由下颌骨的下颌支和下颌体组成,在面部左右对称(正常时),如果该角角度过大会影响美观,造型时需要用阴影收缩。

(二) 面部五官比例

美学家用黄金分割法分析人的五官比例分布,以"三庭五眼"为修饰标准。"三庭"指脸的长度,即把脸的长度分为三个等分,上庭从前额发迹线至眉骨,中庭从眉骨至鼻底,下庭从鼻底至下颏,各占脸长1/3。"五眼"指脸的宽度比例,即以眼睛的长度为单位,把脸的宽度分为五等份。从左侧发迹至右侧发迹,为五只眼睛的宽度,两只眼睛之间有一只眼睛的间距,两眼外侧至两侧发迹各为一只眼睛的间距,各占比例的1/5。事实证明,"三庭五眼"的比例关系完全适合我国人体面部五官外形的比例。

三、审美标准

在日常生活中,人们经常接触各种美的事物,进行各种审美活动,衡量和判定事物的美丑。但是，判定事物的美丑，并不是随心所欲、完全按照自己的主观好恶进行的；而必须遵循一定的尺度和原则。在审美活动中，人们衡量和判定事物的美丑所共同遵循的这些尺度和原则，就叫作审美标准。那么，审美标准又是怎样确定的呢？诚然，在西方，有"谈起趣味无争辩"的说法，在中国也有"情人眼里出西施"的俗语，有人就据此否认美的普遍的客观标准的存在，认为判定事物美丑的标准完全是由人的主观爱好确定的。其实，人的主观爱恶也不是与生俱来的，而是受一定社会实践和审美实践决定和制约的。因此，科学的审美标准，是人们在社会实践的基础上，在长期的审美实践的过程中，不断总结、逐步形成的。它被审美实践所规定，也不断地受审美实践的检验和修正。它固然是理性化的标准，但也是实践性的标准，因为它是客观审美实践的科学总结。

面部审美中一个非常重要的标准即是否符合"三庭五眼"原则。三庭五眼就像是面部五官的布局，布局和谐了，基础美了，才会有真正的美。如果五官符合三庭五眼，那么可以说是标准的。这里介绍面部不同部位的审美标准。

(一) 颞部(太阳穴)

颞部(太阳穴)呈饱满状态感觉精神。如果颞部(太阳穴)不够饱满，就会造成脸型下宽上窄的视觉效果，让人觉得尖酸刻薄。如果颞部比较凹陷，可以用高光增加其饱满度。

(二) 眼部

颜面部中，眼睛是美容的亮点，也是不同妆面造型的重点，眼睛同时也完成视觉和各种表情的功能。静止下状态与运动下状态必须兼顾。眼部的重建必须是功能和美容的合一。眼部在整个颜面部学科中占有重要地位，对人的容貌起到点睛作用。

(1) 从美学角度来看，眼睛的大小与脸的大小要符合一定的比率。如脸的宽度是 10 cm，那么眼睛是 2~2.5 的比率，如眼睛的长度是 3 cm，宽是 1 cm，两眼距离相当于眼睛的长度；

(2) 上眼缘与眉毛间距约为 10 mm。两眼内眼角的间距应为两眼外眼角间距的 1/3 或相当于一只眼的长度；

(3) 内眼角的眼裂角为 48°~55°，外眼角的眼裂角为 60°~70°；

(4) 眼裂高度为 10~12.5 mm，眼裂宽度为 30~34 mm。

(三) 鼻部

鼻子正好位于面部的中央，在五官中有"面中之王"的地位，其形态、高度决定着美丑，是脸部最突出的器官，更是人们注意的焦点。鼻子是面部中最突出、引人注目的部位，在构成人体美及容貌美中起着重要的作用。挺拔笔直的鼻子，会给人以精明、端庄和精力旺盛的感觉。正所谓"面部一朵花，全靠鼻当家"。男人的鼻子应该挺拔端正，棱角分明；而女人的鼻子应该线条柔美、玲珑。现代美容实践证明，鼻是美之魂；鼻子的形态对于面部美学价值具有特殊重要的意义。

(1) 鼻子的长度为颜面长度的 1/3，一般为 6~7.5 cm。

(2) 鼻的宽度，即两鼻孔外侧缘的距离，一般相当于鼻长度的 70%，鼻根部的宽度约 1 cm，鼻尖部约 1.2 cm。

(3) 鼻高度一般不低于 9 mm，男性一般为 12 mm，女性为 11 mm，低鼻常低于 4 mm，应矫正到 7~11 mm。

(4) 鼻尖的理想高度为鼻长的 1/3，男性 26 mm，女性 23 mm。低于 22 mm 者为低鼻。

(5) 鼻尖正常形态为球形，鼻孔为斜向鼻尖的椭圆形，双侧对称。

(6) 鼻孔最外侧不超过内眼角的垂直线,否则为鼻翼肥大。

(四) 唇部

唇部的形态因种族、年龄、性别及遗传等因素不同而呈现不同的特点。拥有一张美唇,可以让个人更有魅力。美唇的最高境界就在于和面部整体的协调、和其他器官的比例匀称。理想的丰唇厚度为下唇较上唇稍厚。要营造出如月牙一般上翘的嘴角,让嘴角略微上翘,即使在不笑的时候,嘴角看起来也像是在微笑一样。

(1) 上唇和下唇厚度比为1:1.5;

(2) 唇的厚度是指口轻轻闭合时,上、下红唇部的厚度;

(3) 有人根据上、下唇的平均厚度将唇分为四类:小薄唇的厚度在4 mm以下,中等唇为5 mm,偏厚唇为9～12 mm,厚凸唇大于12 mm。由于上、下唇的厚度不完全一致,而且下唇通常比上唇厚,因此,日本美容医学专家认为应分别观察上、下唇的厚度,他们认为女性美唇的标准值应为:上唇为8.2 mm,下唇为9.1 mm,男性的上、下唇则比女性分别稍厚2～3 mm。

(五) 下颌(下巴)

面部立体美感的点睛之笔非微微上翘的下巴莫属,漂亮的下巴可以让你的面部更加柔美,下巴整形设计不能死板地依据固定美学参数,将下巴孤立出来去设计它的长度及丰翘度,应该对整个面部进行综合考虑,基于整体五官的协调度,如:与鼻子的视觉和谐、与唇部的柔和过度、与脖颈的界限分明、与面部轮廓的优美衔接。因此,想让整个面部协调美丽起来,忽略了下巴的作用自然是行不通的。下巴处在三庭五眼中下庭的位置,如果偏短,不但使整个面部都不协调,而且让人觉得愚钝小气,影响面部黄金曲线。下巴圆润饱满,笑起来时下巴尖尖的,微微上翘,在唇下形成一个小小的凹陷,使唇部更立体更动人。

面部美与人的皮肤的颜色以及头发、眉毛、睫毛和胡须也关系密切。东方人审美的毛色以黑色为美,眼睛以黑色为美,皮肤以光滑、洁白、细嫩为美,口唇以红色为美,并要求具备一定的光泽和湿润度,苍白或紫暗都是缺乏生命力的表现;气色也是人的精神面貌在面部表情中的具体体现。一个人尽管五官长得十分标准,但愁眉不展,精神萎靡颓丧,无论如何也称不上是美丽的。即一个人不仅要注意仪表容貌的修饰,同时也要保持良好的心理状态和精神面貌。

四、现代审美标准在形象设计中的应用

现代人体美学认为容貌美是人体审美的中心环节和对象,还有著名的黄金律等审美标准。而中国传统美学思想很早就对容貌审美高度重视,也有东方特色的审美标准。除了静态人体审美观外,还提出人体审美应该动静结合的动态人体审美观,强调人体美应包括动作姿态的和谐协调美。如容貌审美应结合面部眉、眼、嘴,腰部审美要结合行走、坐立,形体审美的要求是坐如钟、站如松、行如风等。上述整齐平衡、和谐对称、符合比例的传统人体美学审美趣味及审美思想,与现代医学美学认为人体形式美是比例、对称、均衡、色彩及多样统一的理论不谋而合。所以形象设计师在形象设计造型时应考虑动静结合之美。

在形象设计造型中,观察能力是形象设计师必备的素质之一。观察什么?首先要观察面部五官比例。自古以来,椭圆脸形和比例匀称的五官被公认为是最理想的"美人"标准。脸形的长度和宽度是由五官的比例结构所决定的,五官比例的测量一般以面部的"三庭五眼"为依据。"三庭五眼"是对面部五官比例精辟的概括,对面部化妆有重要的参考价值。但人是一个

有个性的鲜活生命,如果僵化地以"三庭五眼"为依据,那么千篇一律地符合标准美的人体也会使人感到单调乏味,而单调乏味自然不会产生美感。有些个体,可能与黄金比例相差较大,但若它符合匀称、均衡、和谐等多数形式美法则,可能同样给人整体美感;黄金律作为一个人体健美的标准尺度之一,它同其他美学参数一样,都有一个允许变化的幅度,而且受种族、地域和个体差异的制约,比如,有时审美主体的情感因素也会影响其美感的差异,而医学审美具有明显的"模糊特性"。对人体美的评价,不只是符合黄金律这一完美的结构比例,还要具有完整意义上的健康和生命活力。因此在临床美容造型实施中要注意人体美的整体性与灵活性相统一。

(廖燕)

第三节　形象设计的流程

一般情况下,形象设计的流程大致分为如下步骤。

一、形象诊断

在给顾客做形象设计前应该先与顾客进行充分的沟通,首先了解顾客的直接诉求是什么,了解顾客要设计什么时间、什么地点、什么场合的形象,再了解顾客的年龄、兴趣爱好、生活环境、职业特点、家庭情况、心理健康状况等,最后要仔细观察顾客的自身条件,看看哪些地方可以扬长,哪些地方要避短,初步确立要设计的形象类型,做出第一步规划。

二、形象分析与定位

首先要定位色彩。设计者一定要结合自身固有色彩分析顾客的色彩属性,确定风格与个性。

色彩第一人——美国的卡洛尔·杰克逊女士发明了四季色彩理论,对人们的皮肤色、发色和眼珠色等"色彩属性"进行了科学分析,总结出春、夏、秋、冬四季色彩理论(表1-1),形象设计师可以通过这个理论给顾客做出初步定位。

表1-1　四季色彩理论

项目	春季型	夏季型	秋季型	冬季型
肤色特征	象牙色、暖米色,皮肤细腻、有透明感,面色红润,呈珊瑚粉色	粉白色、乳白色、带蓝调的褐色、小麦色,红晕时呈淡淡的水粉色	瓷器般的象牙色、深橘色、暗驼色、黄橙色,不易出红晕,皮肤厚重,透明感差	青白略带暗的橄榄绿或带青色的黄褐色,不易出红晕
眼睛特征	眼球为亮茶色、黄玉色,眼白感觉有湖蓝色,眼睛明亮有光芒	目光柔和,整体感觉温柔,眼球呈焦茶色、深棕色或玫瑰棕色	眼珠为焦茶色、眼白为象牙色或略带绿的白色	眼睛黑白分明,目光锐利,眼珠为深黑色、焦茶色
发色特征	茶色、棕黄色、栗色,发质柔软	轻柔的黑色或灰黑色、柔和棕色或深棕色	褐色、棕色、巧克力色、铜色	乌黑发亮、黑褐色、银灰色、深酒红色

续表

项目	春季型	夏季型	秋季型	冬季型
代表色	清新的黄绿色、橙色、鲑肉色、杏色、象牙色及柔和而浅的棕褐色	所有的偏粉的冷色系（粉蓝），所有带烟灰的冷色系（蓝灰、灰绿）及牛奶白	所有的橙色系、橙红色系、金黄色系、棕褐色系、浓郁的暖绿色、暖蓝色	所有的正色和鲜艳的冷色系及黑褐色、纯黑色、纯白色
总体特征	鲜艳、干净、透明、略带黄色调的暖色调	粉彩或灰沌，含蓄带蓝色调的冷色系	浓郁、丰厚、成熟、带有金黄色调的暖色系	纯正、干净、明朗、强烈、冰冷、带蓝色调的冷色系

根据以上四季色彩理论对顾客做出原型分析后，可根据常见造型元素的用色指导（表1-2）来初步配色。

表1-2 造型元素的用色指导

项目	春季型	夏季型	秋季型	冬季型
服装配色建议	黄色为基色的各种明亮鲜艳的颜色。如亮黄绿色、杏色、浅水蓝色、浅金色等	金色为主的暖色调颜色。如棕色、金色、苔绿色、褐红色、驼色、咖啡棕色等	蓝色基调的颜色。如灰蓝色、淡蓝色、淡粉色、深蓝灰色、乳白色	以冷峻惊艳为基调的纯正颜色。如红色、绿宝石蓝色、黑色、白色等
发色	金黄色、淡红色、浅褐色、中褐色	金红色、栗褐色	金黄色、淡金黄色、微蓝红色	黄色、冰蓝色、冰紫色
粉底	象牙色、桃色	米黄色、深象牙色	肉色、粉色	粉色、玫瑰色
甲油	金色、浅绿色、橙色、橙红色	象牙色、金黄色、橙红色、铁锈红色	银灰色、浅蓝色、浅紫色、浅粉色	白色、紫色、宝蓝色、蓝红色
腮红	桃粉色、杏色、珊瑚粉色	杏色、砖红色	粉红色、浅玫瑰红色	浅玫瑰红色、深玫瑰红色
配饰	象牙色、米白、浅棕色、浅灰色、棕黄色、皇家蓝	牡蛎色、淡灰褐色、亮棕色、棕褐色、橄榄绿色、红褐色	乳白色、玫瑰褐色、亮蓝色、藏青色、深蓝色	白色、亮灰色、藏青色、黑灰色、深灰色、黑色
眼镜架	棕色、金黄色、桃色	深棕色、金黄色	青灰色、银色	青灰色、银白色、黑色
眼镜片	棕色、黄色	褐色、暗橙红色、紫红色	玫瑰粉色、深紫红色	蓝色、灰色、紫红色

除了定位色彩外，还要有原型的分析，主要包括脸部的原型分析（五官位置是否符合三庭五眼的标准、皮肤纹理特征、瑕疵的分布、骨髓及肌肉的走势等）、发型的原型分析（发质情况、长短现状、头颅造型、脸形、颈长、肩宽、头和身的比例、发色等）、身型的比例分析（身高、体重、肩宽以及三围尺寸、身长比例、胖瘦等）以及个人气质倾向的分析等。

总之，形象设计师要通过形与色的固有特征及要求给顾客的形象定位。

三、形象设计的实施

在经过沟通、分析、定位的环节后，最后要通过设计的技艺将设计的形象展现出来。在具体实施时可继续修改一些小的细节，在已经定位的前提下，根据不断变化的外部条件创造出人物的最佳形象。

当然，想成为一个好的形象设计师是不能被条条框框所束缚的，在实施设计中要不断融入新的潮流和时代元素，还要有创新能力，要突破固有思维模式，发挥无限想象力，努力为顾客设计出具有个性特点的新形象，从而增加顾客的自信心，提高生活质量，从这点上讲，形象设计师还能为社会取得很好的经济效益和社会效益做出贡献。

（张效莉　曲丽娜）

第二章 色彩学

在人类物质生活和精神生活发展的过程中,色彩始终有着神奇的魅力。人们不仅发现、观察、创造、欣赏着绚丽缤纷的色彩世界,还在日新月异的时代变迁中不断深化着对色彩的认识和运用。人们对色彩的认识和运用的过程是从感性升华到理性的过程。色彩是一种感受,人类对色彩感知的历史与人类自身的历史一样漫长,人们长期生活在色彩环境中,并逐步对色彩产生审美意识,因此,人们在观察和感知世界时,视觉神经对色彩的反应是最快、最敏感的,其次是形状,最后才是表面的质感和细节。

第一节 色彩的基础知识

色彩学是研究色彩产生及其应用规律的科学。它以光学为基础,并涉及物理学、生理学、心理学、美学与艺术理论等学科。

一、认识色彩

色彩是由光的刺激所引起的。世界本无色,我们的眼睛在光的作用下通过色彩的差异感受万物的存在。当光线明亮时,我们看到大自然的万物鲜艳而清晰;反之,当光线暗淡时,色彩就会变得阴暗而模糊。如果没有了光,在黑暗中我们什么都看不见。

(一)色彩光谱

太阳光产生的高热能形成电磁波向宇宙空间辐射,电磁波的波长范围很宽,光只是电磁波的一小部分,而能够引起人的视觉反应的只有波长为 380~780 nm 的光,这就是可见光,即我们日常所见的白色日光。

物理学家牛顿通过三棱镜折射将日光分离成红色、橙色、黄色、绿色、蓝色、青色、紫色七种单一色光,它们按彩虹的颜色秩序排列。光谱中各色在可见光区域中的波长有所不同,其中红色光的折射率最小,它拥有光谱色中最长的波长。紫色光的折射率最大,波长最短。

(二)色彩感知

我们已知物体本无色,是因为有了光,我们才能感知物体的颜色。光通过三种形式——光源光、透射光、反射光——进入我们的眼睛后,我们便可以感知到色彩光源色、透过色和物体色。

光源色是光源自身的色彩。我们的眼睛能够直接感受到霓虹灯、装饰灯的绚丽色彩,但过强的光如太阳光、高亮度的灯光直接进入眼睛时是看不到颜色的。一天不同的时段中日光色彩的变化对景物颜色的影响,揭示了光源与色彩的关系。

透射光是光源穿过透明或半透明的物体后再进入眼睛的光线。物体的颜色会因为透过物而发生变化。

物体色是光作用于物体表面，物体对其反射而形成的。物体表面呈现不同的颜色是由于物体表面具有不同的吸收光与反射光的能力。物体对光的选择性吸收是物体呈色的主要原因。红色的花是因为它吸收了白色光中400~500nm的蓝色光和500~600nm的绿色光，仅仅反射了600~700nm的红色光。花本身没有色彩，光才是色彩的源泉。如果红色表面用绿光来照射，那么就呈现黑色，因为绿光波的辐射能被全部吸收了。可见，物体在不同的光谱组成的光的照射下，会呈现出不同的色彩，这称为物体色。当白光照射到不同的物体上时，由于物体固有的物理属性不同，一部分色光被吸收，另一部分色光被反射，就呈现出千差万别的物体色彩，即固有色。

（三）影响物体色彩的因素

物体有它的固有色，但是它的颜色是难以确定的。因为任何一个物体置于一个有光的空间里，它不但要受投射色的影响，还会受周围环境色的影响。同一物象在不同光色照射下会产生不同的色彩，且光源色主要对物体的亮部产生影响。环境色是指一个物象与另一个物象的互相反照，即光照射在物象所呈现出的固有色反射到临近物象上所呈现出的第二次呈色现象。一般来说，环境色主要对物体的暗部产生影响。

二、色彩的分类

色彩可分为无彩色系和有彩色系两大类。

（一）无彩色系

无彩色系包括白色、黑色或由白色与黑色互相调和形成的各种不同层次的灰色。无彩色系只有明度变化，色彩的明度可以用黑白来表示，明度越高，越接近白色。我们会感觉由白色条包围的灰色条显得更亮，而由黑色条包围的灰色条显得更暗（图2-1）。

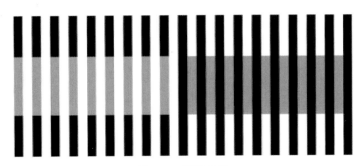

图2-1　无彩色系

（二）有彩色系

有彩色系是光谱上呈现出的红、橙、黄、绿、蓝、靛、紫，再加上它们之间若干调和出来的色彩。有彩色系变化复杂，既有明度变化，又有色相和纯度变化。

三、原色及色彩混合

色彩中不能再分解的基本色称为原色，原色能合成出其他颜色。原色只有三种，所以我们称之为三原色。三原色又分为色光三原色与颜料三原色，色光三原色是红、绿、蓝，颜料三原色为红、黄、蓝。三原色的混合可以得到所需的各种色彩，而三原色自身不能被其他颜色混合而获得。

色光三原色可表明色彩产生的原理,颜料三原色可表现颜料不同调配的原理;色光给自然物象带来色彩,颜料是对色光色彩的翻译。

色光三原色用于舞台灯光、彩色摄影、彩色电视等等,颜料三原色用于彩色印刷、颜料调和、点彩运用等;色光三原色混加调和出白色,而颜料三原色混加调和出黑色。

（一）色光三原色与加色混合

加色混合也称为色光混合。它是以光的三原色红（朱红）、绿（翠绿）、蓝（蓝紫）为基本色光进行混合的,三原色光可以混合出任何色光,而任何色光都不能混合出三原色。色光混合会增强亮度,混合的色光越多,合成的色彩明度越高,这是因为混合色的光亮度等于相混合光亮度之和,因此也称之为"加色混合"（图2-2）。

如：朱红＋翠绿＝黄色光

翠绿＋蓝紫＝蓝绿光

蓝紫＋朱红＝紫红光

朱红＋翠绿＋蓝紫＝白光

（二）颜料三原色与减色混合

减色混合指颜料的混合,是一种物质性色彩混合模式。颜料混合的特点与加色混合相反,混合后的色彩在明度、纯度上都有所降低,混合的成分越多,其明度越低,纯度也会下降,因此称其为减色混合（图2-3）。

图2-2 加色混合举例

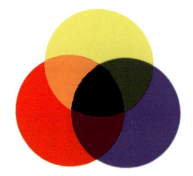

图2-3 减色混合举例

1. 直接混合

直接混合是以颜料的三原色红（品红）、黄（柠黄）、蓝（湖蓝）为基础。任意两个原色相混合所得的颜色称为间色,例如：红＋黄＝橙,蓝＋黄＝绿,红＋蓝＝紫。等量相加产生的橙、绿、紫为标准三间色（图2-4）。

任意两种以上间色相混合所得的新颜色称为复色,也称第三次色。等量相加得出标准复色。如：橙＋绿＝黄灰,橙＋紫＝红灰,绿＋紫＝蓝灰,又称再间色、第三次色（图2-5）。

2. 叠置混合

叠置混合也称叠色,是减色混合的另一种形式（图2-6）。透明色相互重叠放置产生的新颜色,称为叠色。由于颜色重叠后透光量减少,因此,色彩明度较低,叠出的新颜色色相偏于上面的颜色,而并非是两种颜色的中间值。

3. 中性混合

中性混合是基于人的视觉生理特征所产生的视觉色彩混合,而并不变化色光或发光材料

图 2-4 间色

图 2-5 复色

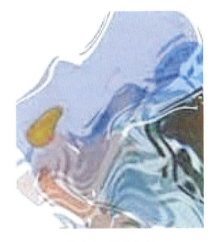
图 2-6 叠色举例

本身,混色效果的亮度既不提高又不降低,所以称为中性混合。中性混合又分为色彩旋转混合和空间混合。

(1) 色彩旋转混合:如果几种色彩涂在圆盘上迅速转动,就可以看到混合起来的色彩。旋转停止后,色彩又恢复到原来的状态(图 2-7)。

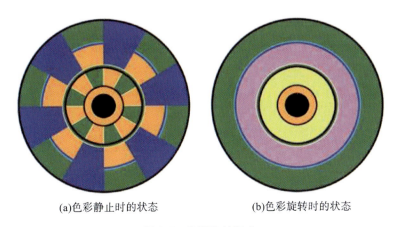

(a)色彩静止时的状态　　　　　(b)色彩旋转时的状态

图 2-7 色彩旋转混合

(2) 空间混合:将几种以上的色彩并置在一起,通过一定的距离观看,使其在视网膜上达到难以辨别的视觉调和效果(图2-8)。

图 2-8 空间混合举例

四、色彩的三要素

在色彩分为的无彩色系和有彩色系两大类中,无彩色系只有明度、深浅变化,称为明度色调。有彩色系变化复杂,既有明度变化,又有色相和纯度变化。在有彩色系中,只要有一个色彩出现,这个色彩就同时具有三种基本属性,即明度、色相和纯度。

(一) 明度

明度是指色彩的明暗程度,也称为深浅程度,是表现色彩层次感的基础。以光源色来说,可以称为明暗度;对环境色来说,可称深浅度。

在无彩色系中,明度最高的是白色,最低的是黑色。计算明度的基准是灰度测试卡。黑色为0,白色为10,在0—10之间等间隔的排列为9个阶段。靠近白色的部分称为明灰色;靠近黑色的部分称为暗灰色。

在有彩色系中,黄色明度最高,紫色明度最低。任何一个有彩色加入白色,明度都会提高,加入黑色明度则会降低,加入灰色时,依灰色的明暗程度而得出相应的明度色。

(二) 色相

色相是指色彩的相貌,它是人们在长期的视觉经验中所获取的感性认识,是区分色彩的主要依据。

从光、色角度来看,色相差别是由光波波长的长短不同产生的。不同的色相是不同的波长与人的视觉经验结合产生的一种色彩特征。色彩的相貌以红、橙、黄、绿、蓝、靛、紫的光谱为基本色相,并形成一种秩序。这种秩序是以色相环形式体现的,称为纯色色环。其他各种色相都是以基本色相为基础发展起来的。波长最长的是红色,最短的是紫色。把红、橙、黄、绿、蓝、紫和处在它们各自之间的红橙、黄橙、黄绿、蓝绿、蓝紫、红紫这6种中间色——共计12种色作为色相环。在色相环上排列的色是纯度高的色,被称为纯色。这些色在环上的位置是根据视觉和感觉的相等间隔来进行安排的。用类似这样的方法还可以再分出差别细微的多种色来。在色相环上,与环中心对称,并在180°的位置两端的色被称为互补色(图2-9)。色相环的分类如下。

1. 同种色

同种色是指在色相环中任意一种颜色自身产生不同明度的变化的颜色。

2. 同类色

同类色是指在色相环中任意相隔15°左右的两种颜色。其主要的色素倾向比较接近。例

图 2-9 互补色

如红色系的朱红、大红、玫瑰红,都包含红色色素,故称同类色。

3. 邻近色

邻近色是指在色相环中任意相隔 45°左右的颜色。由于颜色之间相互毗邻,故称为"邻近色"。例如黄色与绿色、黄色与红色、红色与紫色、蓝色与绿色等。

4. 对比色

对比色是指在色相环中任意 130°两端相对的颜色。例如红色与蓝色、黄色与蓝色、绿色与橙色等。

5. 补色

补色是指在色相环中 180°两端相对的任何颜色,也称余色。补色在视觉上产生强烈的对比关系。例如绿色与红色、黄色与紫色、蓝色与橙色等。

6. 冷暖色

冷暖色是指颜色的冷暖倾向,即"色性"。最暖的是朱红,最冷的是蓝色。但是色彩的冷暖又是相对的,例如:黄绿色和黄色比较,黄色暖,黄绿色冷。

(三)纯度

纯度是指色彩的鲜浊程度。纯度是人对色彩感觉的一种特征,即各种色彩的浓度,又称彩度、饱和度、鲜艳度、含灰度等。

在可见光谱中,红、橙、黄、绿、蓝、靛、紫是最纯的颜色。纯度的变化可通过三原色互混产生,也可以通过加白、加黑、加灰产生,还可以补色相混产生。高纯度的色相加白色或加黑色,将提高或降低色相的明度,同时也会降低它们的纯度,如果加入适度的灰色或其他色相,也可相应地降低色相的纯度。凡有纯度的色彩必有相应的色相感。色相感越明确、纯净,其色彩纯度越纯,反之,则越灰。纯度较低,色彩相对也较柔和。需要注意的是,色相的纯度与明度不成正比,纯度高不等于明度高,这是由视觉生理条件决定的。

凡是有彩色系中的色彩都具有这三种基本属性,在色彩学上也称之为色彩三要素。熟悉和掌握色彩的三种基本属性,对于认识色彩、表现色彩极为重要。色彩的三种基本属性中的任何一个要素的改变都将影响原色彩的面貌和性质。可以说,色彩的三种基本属性在具体的艺术创作中,是同时存在、不可分割的整体。因此,在设计中表现色彩时,必须对色彩的三个特征同时加以考虑和运用。颜色的三个要素是相互独立的,但不能单独存在,某颜色中加入白或黑,对明度和纯度都有影响,颜色三要素只有在亮度适中的时候才能充分体现出来。

(四)色彩三要素的应用空间

表示色彩的前后,通过色相、明度、纯度、冷暖以及形状等因素构成。

色彩在比较中给人以比实际距离近的色彩称前进色;色彩在比较中给人以比实际距离远的色彩称后退色;色彩在比较中给人以比实际大的色彩称膨胀色;色彩在比较中给人以比实际小的色彩称收缩色。

我们发现明度高的色有向前的感觉;明度低的色有后退的感觉;暖色有向前的感觉;冷色有后退的感觉;高纯度色有向前的感觉;低纯度色有后退的感觉;色彩整有向前的感觉,色彩不整、边缘虚有后退的感觉;色彩面积大有向前的感觉,色彩面积小有后退的感觉;规则形有向前的感觉,不规则形有后退的感觉(图2-10)。

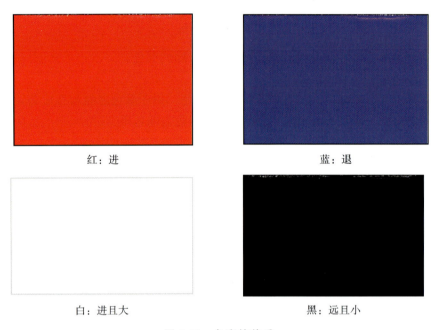

图 2-10 色彩的前后

(周晓宏)

第二节 色彩的各种关系及技巧

一、色彩的诊断

四季色彩理论由色彩第一夫人美国的卡洛尔·杰克逊发明,后由佐藤泰子女士引入日本,并将其发展成适合亚洲人的颜色体系。1998年,该体系由色彩顾问于西蔓女士引入中国,同时针对中国人进行了相应的改造。

(一)重新认识人体色

人与其他物体一样,都是有颜色的,我们会说人拥有乌黑的头发、白皙的皮肤、暗红的嘴唇等等。在习惯的认识中,认为中国人或者亚洲人都是黄皮肤、黑头发。其实,留意一下周围的人,你会发现每个人的皮肤、毛发的色调都是不一样的。掌握不同人体色的特征是正确指导一个人选色、用色、配色的依据和原则。

人体色包括肤色、毛发色、唇色、瞳孔色等,是每一个人与生俱来的,除疾病或特意改变外,正常情况下它会像每个人的血型、指纹一样,伴随一生。即使随着年龄的增长,脸上添了瑕疵或者逐渐衰老,一个人的人体色特征也不会改变。每一个人呈现的颜色都是由人体内的色素作用产生的,这些色素包括血红素、胡萝卜素和黑色素。这些色素按照不同的比例综合作用,造就了世界上的白、黑、黄、棕等不同的人种,色素之间的比例因受到每个人特定基因的影响,从一出生就已经确定,所以每个人都有与众不同的人体色特征,即使看上去相同的人体特征也会有所差异。

在人体色中,头发可以通过漂染改变,唇色、眉毛可以任意描画,甚至瞳孔色现在也可以用佩戴有色隐形眼镜的方法改变。只有肤色相对稳定,不易改变,并且肤色在人体色中比例最大,所以是研究人体色特征的主要参照对象。肤色同服饰色一样,同样是一种颜色,我们也需要研究肤色的冷暖倾向和色调问题。

根据肤色的冷暖基调分析肤色的色相,一般主要集中在介于黄色相和红色相之间的橙色相区域。每一种特定的肤色色相在橙色相中,会呈现出不同的肤色特征,或者偏黄一些,比如暗驼色、象牙色、棕色等;或者偏红一些,比如棕红色、粉红色等。肤色一般按冷暖分为冷基调肤色、暖基调肤色,或者二者之间的中性肤色。

肤色的明度是指肤色的明亮程度。通常我们说某人白或黑指的就是肤色的明度。肤色的色调由明度和纯度综合作用形成。分析系统标准的确立依据即视觉平衡原理,这一原理是健康与理想肤色的标准。人的视觉要求在没有其他外在要求的情况下,是舒服的、协调的、趋向平衡的。

(二)人的四季分型

1. 春季型

(1)春季型人的肤色特征:象牙色、暖米色,皮肤细腻而透明。

(2)眼睛特征:眼珠为亮茶色、黄玉色,眼白感觉有湖蓝色。

(3)发色特征:茶色、棕黄色、栗色,发质柔软。

2. 夏季型

(1)夏季型人的肤色特征:粉白色、乳白色、带蓝调的褐色或小麦色。

(2)眼睛特征:眼珠呈焦茶色、深棕色,目光柔和。

(3)发色特征:轻柔的黑色或灰黑色、柔和的棕色或深棕色。

3. 秋季型

(1)秋季型人的肤色特征:象牙色、黄橙色、深橘色或暗驼色。

(2)眼睛特征:眼珠为焦茶色,眼白为象牙色。

(3)发色特征:褐色、棕色、铜色或巧克力色。

4. 冬季型

(1)冬季型人的肤色特征:青白略带暗的橄榄绿或带青色的黄褐色。

(2)眼睛特征:眼珠为深黑色、焦茶色,眼睛黑白分明。

(3)发色特征:黑褐色、银灰色或深酒红色。

二、色彩的联想

当我们看到色彩时,往往回忆起我们生活中的各种具体的事物,或者由所看到的色彩直接想象到某种富有哲理性或象征性的概念。这种由颜色刺激而使人联想到与某个色彩有关的某些具体事物或抽象概念的现象,叫作色彩的联想。我们会看到某种颜色时想到具体的事物,如看到红色会想到红旗、血液;看到蓝色会想到蓝天、大海等,这些都是对色彩的具体联想。我们看到某些颜色时也会想到某些象征性的概念,如看到红色会想到热情、危险、恐怖、活力等;看到蓝色会想到平静、理智、深远、稳重等,这些是抽象联想。这些色彩的联想多次反复,几乎固定了它们专有的指代事物,于是该色就变成了该事物的象征。

1. 红色系

红色系是从色相环上的红紫色到朱红色之间的色彩(图2-11)。它的刺激作用很大,具有很高的注目性和辨识性。大红色是暖色系里温度最高的色彩,红色系色彩对人的心理能产生很大的鼓舞作用。

图2-11 红色系

纯色使人联想到:热的、活泼的、宽大的、引人注目、辣辣的、令人疲劳、不透明、健康的、血、热闹、太阳、口红、干燥、喜气洋洋、结婚、愉快、热情、热爱、艳丽、危险、权势、活力、幸福、吉祥、丰富、野蛮、忠诚、大方、革命、暴力、贪婪、愤怒、浪漫、开放、庄重、公正、激昂、恐怖等。

纯色加白(清色)使人联想到:健康、圆满、幼稚、婴儿、温水、浪漫的、甜蜜的、化妆品、优美、娇柔等。

纯色加黑(暗色)使人联想到:枯萎、黄昏、固执、孤僻、憔悴、烦恼、不安、古老、独断等。

纯色加灰(浊色)使人联想到:污浊、烦闷、哀伤、忧郁、阴森、寂寞、昏昏沉沉等。

2. 黄色系

黄色系是具有最亮彩系的色彩,也是与纯色和一般其他的色彩感情区别最大的色系。它包括金黄、藤黄、米黄、蛋黄、土黄、柠檬黄等色彩(图2-12)。黄色系明度高、引人注目,但在暖色系中较温和,刺激性不大,所以给人带来中和的感觉。

图2-12 黄色系

纯色使人联想到:黄金、向日葵、光辉、刺眼、大方、大胆、目光、金光、进取向上、财富、有信用、明朗、快活、健康、有自信、可发展、希望、荣誉、高贵、贵重、大地、增加、膨胀、佛、神仙、上帝、黄帝、警惕、猜疑等。

纯色加白(清色)使人联想到:单薄、可爱、幼稚、娇嫩、不高尚、无诚意、轻蔑、下流等。

纯色加黑(暗色)使人联想到:多变、贫穷、犯罪、粗俗、秘密、戏弄等。

纯色加灰(浊色)使人联想到:不舒服、低贱、肮脏、低迷、不健康、懒散、受侮辱、呻吟、陈旧、背弃等。

3. 绿色系

绿色多数是植物色彩。在自然界中除了天与海,绿色所占面积最大。绿色的刺激和明度均不高,性质极为温和,属于中性偏冷的色彩,多数人喜好此色(图2-13)。

图2-13　绿色系

纯色使人联想到:草木、草坪、绿叶、公园、绿地、田园、自然、新鲜、未成熟、羞涩的、平静、安逸、安心、安慰、舒服、远望、健全、有生物、永远、活的、和平、有保障、有安全感、可靠、信任、实在、公平、互惠、理智、理想、亲情、满足、保守、清闲、安息、纯真、中庸、纯朴、解放、平凡、卑贱等。

纯色加白(清色)使人联想到:细嫩、爽快、清淡、温和的、宁静的、轻快、舒畅、轻浮、透明感等。

纯色加黑(暗色)使人联想到:安稳、自私、迷信、沉默、力行、刻苦耐劳、有备无患等。

纯色加灰(浊色)使人联想到:湿气、倒霉、腐朽、失落、枉费心思等。

4. 青色系

通常指的是天青色,诸如拂青、钴青、绀青、孔雀蓝、水青、普鲁士蓝等在内的色彩(图2-14)。青色明度比蓝色高而鲜艳,青色系的性格颇为冷静,它与朱红色的刺激性相反,青色系的色彩稳定、沉着、没有错觉变化,所以,在面积、轻重、分量、时间的感觉应用上,有很多地方值得人们研究。

图2-14　青色系

纯色使人联想到:天空、海面、冷水、太空、青云、青玉、寒冷、遥远、浩瀚、无限、自由、飞翔、权威、法律、气魄、幽静、无聊、骄傲、永恒、沉静、理智、冥思、高深、清高、仁善、尊严、清淡、冷酷、深奥、简朴、沉思、忧郁等。

纯色加白(清色)使人联想到:清淡、清流、高雅、轻柔、聪明伶俐、淡薄、羞耻等。

纯色加黑(暗色)使人联想到:沉重、大风浪、变化莫测、悲观、幽深、孤僻等。

纯色加灰(浊色)使人联想到:粗俗、可怜、贫困、沮丧、悲鸣、笨拙、压力、犯罪等。

5. 紫色系

紫色是中性色之一,它的视觉效果不如感受效果大(图2-15)。女性尤其是成熟的女性,更适宜使用紫色系。它是女性最喜欢的颜色之一,具有成熟老练的特征。

图2-15　紫色系

纯色使人联想到:朝霞、紫云、化妆品、神秘、神圣、创新、高贵、贤淑、风韵、艺术性、优美、情调、大方、娇媚、温柔、表现、丰富、昂贵、自傲、奢侈、华丽、粉饰、骄傲、美梦、虚幻、气氛、肃穆、向往、信守、恋爱、魅力、疼爱、浪漫、虔诚等。

纯色加白(清色)使人联想到：女性化、清雅、娇气、可爱、情侣、含蓄、诱人、清秀、羞涩等。

纯色加黑(暗色)使人产生如下心理感受：隐秘、失恋、虚伪、渴望、内向的。

纯色加灰(浊色)使人联想到：腐烂、厌弃、矛盾、浮动、枯朽、衰老、回忆、忏悔、畏缩等。

6. 白色系

白色在视觉上是高而活泼的色彩，尤其是在配色上，白色的地位很高，具有能普遍参与色彩活动的特性。白色虽然没有色相、纯度上的变化，但因反射率的不同，也会产生偏冷或偏暖的感觉。

白色系使人联想到：白纸、白云、白墙、白布、白色衣服、白宫、清洁、清白、真理、朴素、纯洁、正直、神圣、平等、正义感、光明、清净、冰、明快、卫生、洁白、冷、淡薄、同情、空白、坦白等。

7. 黑色系

黑色在心理上本身无刺激性，但是可以与其他色彩搭配而增加刺激。黑色具有明度的变化，可以加进各种不同色相里，使其色彩、纯度、明度降低。

黑色系使人联想到：黑夜、黑布、墨水、黑炭、黑发、丧服、礼服、黑暗、绝望、悲哀、严肃、死亡、虚无、恐怖、解脱、刚正、忠义、憨直、粗莽、结实、坚硬、信仰、虔诚、沉默、黑暗时代等。

8. 灰色系

灰色是中性色彩，它是由黑色加白色产生的浅黑色。它的色彩性质比较顺从，易于和其他色彩混合在一起，并且具有协调其他色彩的作用。灰色的色彩从浅灰色到暗灰色，色彩感觉各异。

灰色使人联想到：阴天、炭灰、灰尘、阴影、烟幕、乌云、浓雾、灰心、平凡、晦气、暧昧、死气沉沉、遗忘、随便、无聊、消极、无奈、谦虚、粗糙、颓丧、顺服、中庸等。

三、色彩的搭配与技巧

当一块暖色布放在面部下方时，视觉产生一个冷倾向的残像在面部的肤色上，如果这个人是暖基调的肤色，这个冷倾向的残像与暖基调的肤色叠加后调和，视觉上会觉得这个人的肤色有所改善，趋向于中性肤色。相反，如果一个人是冷基调的肤色，这个冷倾向的残像与冷基调的肤色叠加调和后呈现更冷倾向的肤色，其他人视觉上会觉得这个人脸色差，甚至怀疑她是否生病了。

根据大量的调查数据统计显示，绝大多数人通常认为的"健康"或"理想"的肤色都集中在中性肤色区间，这也恰恰验证了视觉平衡原理。"健康"或"理想"的肤色呈现出自然的光泽，肤质平滑细腻，就像已经打了粉底一样，五官更加清晰、立体，脸上的瑕疵不明显。

妆容色彩、服饰色彩与人体色彩的对应搭配如下。

1. 春季型人

春季型人选择自己最适合颜色的要点是：颜色不能太旧、太暗。春季型人使用范围最广的颜色是黄色，可以多多使用，但要感觉明亮才算成功。选择红色时，以橙色、橘红为主。在色彩搭配上应遵循鲜明、对比的原则来突出自己的俏丽。

春季型人的化妆要点：粉底薄而透明，保留自身皮肤天然优势，眼影浅淡柔和，突出睫毛，强调口红，妆淡而干净。春季型人粉底颜色：暖色系，带黄调的颜色，如象牙色、淡黄色、杏色。腮红：珊瑚红色、清新的橙红色。眼影：杏黄色、浅棕色、干净浅淡的黄绿色。口红：珊瑚红色、橘红色、桃红色、浅棕红色。

春季型人的服饰基调属于暖色系中的明亮色调，如杏色、浅水蓝色、浅金色、亮黄绿色等，都可以作为主要用色穿在身上,突出轻盈、朝气与柔美的特点。对于春季型人来说,过重或过深的颜色与春季型人白色的肌肤、飘逸的黄发会出现搭配不协调,使春季型人十分黯淡。春季型人适合的白色是淡黄色调的象牙色。春季型人在选择灰色时,应选择由浅至中度的暖灰色和光泽明亮的银灰色;注意让它们与浅水蓝色、奶黄色、桃粉相配,从而体现出最佳效果。春季型人适合浅淡明快的浅绿松石蓝、浅水蓝、浅长春花蓝等鲜艳俏丽的时装和休闲装;而颜色略深的蓝色或饱和度较高的皇家蓝、浅清海军蓝等则适合用于职场(图2-16)。

图 2-16　春季型人用色

2. 夏季型人

夏季型人适合柔和且不发黄的颜色。选择黄色时,应选择让人感觉稍微发蓝的浅黄色。选择红色时,则以玫瑰红色为主。夏季型人拥有健康的肤色、浅玫瑰色的嘴唇、柔软的黑发、水粉色的红晕,给人以非常柔和、优雅的印象。夏季型人适合以蓝色为基调的轻柔淡雅的颜色,这样才能更好地衬托出她们温柔、恬静的个性。

夏季型人的化妆要点:柔和的淡妆,强调眉毛的精致,眼影轻柔淡雅,口红不宜过浓,妆面浅淡、透明。粉底颜色:冷色系,带粉红调的颜色。腮红:水粉、浅紫、浅玫红。眼影:粉蓝、烟灰、粉紫、粉红、灰绿。口红:粉红、芋紫、浅玫瑰、豆沙、藕荷色。

夏季型人适合穿深浅不同的各种蓝色、粉色和紫色以及有朦胧感的色调。在色彩搭配上,最好避免反差大的色调,适合在同一色系里进行浓淡搭配或者在相邻色相里进行浓淡搭配,如蓝灰、蓝绿、蓝紫搭配等。夏季型人不适合穿黑色,会破坏夏季型人的柔美,可用一些浅淡的灰蓝色、蓝灰色、紫色来代替黑色作上班的职业套装,既雅致又干练。夏季型人适合乳白色,在夏天穿着乳白色衬衫,与天蓝色裤或裙搭配有一种朦胧的美感。夏季型人穿灰色非常高雅,选择浅至中度的灰,也可选择不同深浅的灰与不同深浅的紫色及粉色搭配,效果甚佳(图2-17)。

3. 秋季型人

秋季型人较适合棕色、金色和苔绿色,这些颜色可将她们的自信与高雅的气质烘托到极致。秋季型人的发质黑中泛黄,眼睛多为棕色,目光沉稳,肤色健康、光泽。秋季型人选择自

图 2-17　夏季型人用色

己最适合的颜色的要点是颜色要温暖、浓郁。

秋季型人的化妆要点：或华丽或朴实，华丽要强调眼影和口红。秋季型人的粉底：暖色系、带黄调的颜色，如象牙色、淡黄色、杏色、古铜色。腮红：砖红色、橙褐色。眼影：杏黄色、褐色、古铜色、金色、橄榄绿色。口红：橙红、橙褐、砖红、铜红、褐色系。

秋季型人的服饰基调是暖色系中的沉稳色调。浓郁而华丽的颜色会衬托出秋季型人成熟、高贵的气质，越浑厚的颜色也越能衬托秋季型人陶瓷般的皮肤。在服装的色彩搭配上，秋季型人不太适合强烈的对比色，只有在相同的色相或相邻色相的浓淡搭配中才能突出华丽感。秋季型人穿黑色会显得皮肤发黄，秋季色彩群中的深砖红色、橄榄绿、深棕色都可用来替代黑色和藏蓝。秋季型人的白色应是以黄色为底调的牡蛎色，会显得自然而格调高雅。灰色与秋季型人的肤色排斥感较强，选择灰色时，一定挑选偏黄或偏咖啡色的灰色，在使用时还要注意用适合的颜色过渡搭配。秋季型人适合的蓝色是湖蓝色系，与秋季色彩群中的金色、棕色、橙色搭配可以衬托出秋季型人的沉稳与华丽（图 2-18）。

4. 冬季型人

冬季型人最适合纯色。当选择红色时，可选择正红、酒红、纯正的玫瑰红等。冬季型人选择自己最适合的颜色的要点是：颜色要鲜明、光泽。

冬季型人的化妆要点：适合化浓妆，强调睫毛，突出口红，整个妆面感觉华丽或冷艳。冬季型人的粉底：冷色系、带粉红调的颜色。腮红：酒红色、水粉色、玫瑰色。眼影：紫色、宝蓝色、铁灰色、银色。口红：玫瑰红色、正红色、酒红色。

冬季型人选择服饰时，在春天，可选浅灰、冰灰、柠檬黄、皇家蓝、热粉等色的职业套装或搭配。在夏天，可选色彩群中的纯白、浅正绿、玫瑰粉等色的上班装或休闲装。在秋天冬季型人可以选择色彩群中的蓝色系列、红色系列、绿色系列里偏中度的颜色，可运用对比搭配。冬季型人在冬天可以把所有最纯正、最饱和、最深、最艳的颜色大胆使用，并且运用强对比烘托冬季型人的个性（图 2-19）。

图 2-18　秋季型人用色

图 2-19　冬季型人用色

（周晓宏）

第三章 化 妆

第一节 化妆的概述

常言道：爱美之心，人皆有之。爱美是人的天性，人类自从脱离了野蛮时代，修饰的意识便开始出现。人们都希望自己有一幅美丽的容貌，这是人们向往美、追求美的心理状态。随着人类文明的进程，化妆从形式到内容也在不断地发展变化，并且每个时期都有不同的特点。化妆是一门涉及面较广的复杂技术，想要全面掌握，非一日之功，它要求操作者拥有一定的美容知识和艺术创作能力，这样才能使妆面既真实自然，又有艺术的新意。所谓新意，就是要符合个人的性格特点和时代的潮流，并且具有独创性，要做到这一点，操作者需要经过严格的技术培训，特别是化妆技术的操作训练，不掌握熟练的技术，就不可能塑造出美好的形象。了解中外历史发展过程中各个时期化妆的变化、特点将有助于理解当今化妆的流行趋势与潮流，不仅如此，通过对化妆史的了解，还可以借鉴古人在化妆方面的成就，丰富现代化妆的内容。

本节通过对化妆的渊源、发展、基本概念、分类、特征和"三要素"等知识的了解和掌握，我们对化妆会有更为清楚的认知，从而更好地把握化妆的具体方法和技巧。

一、化妆的渊源

在中国古代，当化妆一词还未问世时，人们的爱美意识已产生，据《史书》记载，远在先秦时代，妇女就开始化妆了。元代的《女郎環记》载：黄帝炼成金丹，炼金之药汞红于赤霞，铅白于素雪，宫人以汞点唇则唇朱，以铅傅面则面白。《例子·周穆王》中也说，当时的妇女已经"施芳泽，正娥眉"。远古的妇女们用白色的米粉或铅粉敷面，用朱砂（图3-1）或紫草胭脂（图3-2）点唇并涂双颊，用青色的颜料描眉。考古学家们在殷商贵妇人墓中发现了研磨朱砂用的玉石臼、杵和调色盘那样的物品，臼为白色的大理岩材质，内壁呈朱红色，臼的孔周、口面和调色盘上均粘有朱砂，显然这些是墓主用于捣研朱砂的物品。

到了秦汉以后，随着社会经济的发展和审美意识的提高，化妆的形式日益丰富，化妆美容也日益普及，汉朝时出现了各种眉式妆样，如八字眉、远山眉、慵来妆等，到魏晋南北朝时，世风逐渐从质朴清脱转为绮靡纤丽，上层妇女大多化妆，化妆技艺渐趋成熟，出现了额黄、旱靥等美容妆饰和贴梅花钿等化妆方法，她们将五色绸缎或金银箔片剪成花形或星状，贴于面靥。北朝民歌《木兰诗》的"当窗理云鬓，对镜贴花黄"之句；诗人庾信《镜赋》中的"靥上星稀，黄中月落"等诗词都描述了当时妇女的化妆妆式。

唐代国力强盛，经济繁荣，社会风气开放，广纳四方少数民族，妇女在化妆方面追求时髦，崇尚新意，着胡裘，戴胡帽，学胡妆，甚至"乌膏注唇"。唐朝中期，社会上流行的眉式已有十几

图 3-1　朱砂

图 3-2　紫草胭脂

种,据载,唐明皇有眉癖,吩咐宫廷画工画"十眉图"。给宫女做示范,画工根据当时流行的各种眉式(图 3-3),画成了鸳鸯眉、小山眉、五岳眉、三峰眉、垂珠眉、月棱眉、分梢眉、涵烟眉、绣云眉、倒晕眉十种眉式,此外,唐代还出现了名目繁多的妆式,如红妆、晚妆、醉妆、泪妆、桃花妆、仙娥妆、血晕妆等等。丰富多彩的妆式、眉式,配以高低偏正的各型髻簪、浓淡深浅的诸多颊容,再加上形形色色的额黄、花钿、点痣等,唐朝妇女的妆型变化多样、异彩纷呈。

贞观年间	627—649		景云元年	710	
麟德元年	664		先天二年—开元二年	713—714	
总章元年	668		天宝三年	744	
垂拱四年	688		天宝十一年后	752年后	
如意元年	692		约天宝元年—元和元年	约742—806	
万岁登封元年	696		约贞元末年	约804	
长安二年	702		晚唐	约828—907	
神龙二年	706				

图 3-3　各种眉式

与唐朝妇女豪爽恣肆,故多为浓妆相比,宋代妇女(图 3-4)则倾向淡雅幽柔之美。这与宋人的审美观念有关,宋人对绘画力求"韵",即用简单平淡的形式表达绘画丰富的实质,这种美学思想反映在妇女的化妆上,就发展为尚淡雅、非浓艳的倾向。

到明清时期(图 3-5),化妆已较普及,妇女们更注重皮肤的白皙,皮肤护理成为时尚,最典型的就数慈禧了,《千金美容方》中就有帖称为"慈禧太后驻颜方",慈禧为了使皮肤白嫩柔滑有光,每十天服一匙珍珠粉,每天喝大半碗人奶,晚上还用鸡蛋清擦脸,就寝前半小时才洗去,慈禧在化妆前,先让宫女用一根玉棍在脸面上上下下地滚动,起到按摩的作用,然后再上粉,她用的粉和胭脂是宫里自制的,那粉是用贡米细磨五六次后再与铅粉混合而成的,胭脂是用玫瑰花浸液制成的。

国外的化妆历史同样悠久,不同的地域环境、不同的乡土习俗和信仰孕育了以不同文化特色为背景的化妆发展史。

在南非,人们发现一幅距今 1.5 万年至 1 万年前的岩画(舞女图),舞女们的装束与今日非洲妇女十分相似,从斑驳的岩画中,隐约可见舞女们的头饰、胸饰和腰间饰物,可见当时非

图 3-4　宋代妇女

图 3-5　清朝妇女

洲已经有了相当程度和规模的妆饰文化,在原始的非洲撒哈拉,那里也许不是一片沙漠而是一片绿洲,先人们留下了许多岩画。在非洲的东北部有世界四大文明古国的埃及,考古学家认为,古埃及较早有意识地使用化妆品来装饰自己。在炎热干燥的古埃及,人们为防晒和保湿,常用动物油脂涂抹皮肤,还在眼圈上下涂抹蓝色(图 3-6)、黄色的颜料,据说可以预防沙眼和飞虫入侵,古埃及妇女喜用橙色的散沫花汁涂染指甲,佩戴宽大华美的项饰,项饰(图 3-7)是她们身份地位的象征,古埃及对唇膏、香水的使用也比较普及。贵妇们在集会时,除尽力夸耀自己的化妆技巧和美容术外,还将香膏堆在头顶上特别的帽盆里,香膏在融化过程中逐渐向四处飘逸着香气,以增添自己的魅力,两河流域也是世界四大文明发源地之一,古时那里的妇女们就有抹画蓝、黑眼圈的习俗。在古希腊,人们特别注意保护肌肤,喜欢往身上擦油,使用香水也很普及,妇女们用黑墨涂抹眼睫毛,然后涂上蓝白色的天然蜂胶浆。她们还从散沫花中提取红色染料,涂抹嘴唇和两颊。

图 3-6　古埃及眼妆

图 3-7　项饰

古罗马时期,高卢的妇女们喜欢在脸上装饰黑痣,也许是这一习俗的延续,到 17 世纪末期,巴黎的妇女也流行点黑痣和红痣的化妆术,痣的形状分为星状、月牙状和圆形,一般多点缀于额、鼻、两颊和唇边,也有把痣点于肚和两腿内侧的。18 世纪初,法国国王路易十四为了时髦,剃掉美丽的金色卷发而戴上假发套,脸上涂抹各色香粉,一时间,王公贵族竞相仿效国王而涂脂抹粉,当时欧洲的香粉和贵妇人用的口红是掺入铅丹、锡和水银等化学药品制作而成的,长期浓妆艳抹这些化妆品,会使皮肤变硬、皱纹增多,所以,这些贵妇人为保养肌肤,增白肤色,流行用牛奶洗澡,用葡萄汁或柠檬汁涂擦并按摩皮肤,为了吸引男子,贵妇人们把香水如同浇水般地洒在身上,法国妇人爱好香水的习俗一直传袭至今,以致法国香水闻名天下。

二、现代化妆的发展

现代化妆的发展为追求健康的美创造了有利的条件,美容事业步入了一个新的阶段,但在相当一段时间里,由于我国生产力水平较低,经济建设刚刚起步,人们物质生活尚处于低消费的状态,要求美容者寥寥无几,因此美容事业在一个相当长的时期内发展较为缓慢。

党的十一届三中全会以后,我国开始实行改革开放政策,人们的思想观念发生了很大变化,文化修养也有了相应提高,美容成为人们追求仪表美的重要内容。同时,人们物质生活水平在不断改善,在温饱问题解决以后,人们开始有条件重视自己容貌的美化。随着科学技术的发展,新的美容仪器开始出现,养肤、护肤品的种类也日益增多,使人们表现高雅气质和迷人风采的愿望终于成为现实。

纵观现代化妆的进展,20世纪以来,科学技术的发展使得化妆品中含有了保护皮肤的营养素,如维生素、蛋白质等,人们可根据自己皮肤的特性选用各种不同的化妆品;同时,化妆品的种类也十分丰富,有粉状粉底、液体粉底、膏状粉底、遮瑕膏、饼状胭脂、棒状胭脂、乳液状胭脂、眼影粉、睫毛膏、眼线液及各种唇膏,化妆的方式也越来越多,除抹粉、描眉、涂口红外,还可以粘贴双眼皮和睫毛等,配合各种发型,以达到美容和突出个性的目的。20世纪的化妆形式丰富多彩,其特点和流行趋势是:20世纪初,受风靡一时的日本歌剧《蝴蝶夫人》影响,淡雅秀丽的东方妆容盛行起来,樱唇云鬓瓜子脸和杏眼,配上细长且尾部往上挑的眉形,表现温婉之美。20世纪20年代,妇女解放运动带来妆型和发型的变化。妇女剪短发、烫发,脸上扑白粉,涂上鲜亮的口红,展现出一派豪放的美。20世纪30年代的化妆则表现五官的柔美和立体感,优雅细致的睫毛及纤细的眉形是其特色。20世纪40年代,以自然柔和而弯曲的眉毛为重点,但也强调唇部线条。20世纪50年代,又以呈现五官分明为主,唇型逐渐强调丰满,眼线超过眼头而眼尾夸张上扬。20世纪60年代要比20世纪50年代夸张,如大量使用假睫毛和睫毛膏,到20世纪60年代后期,眉毛从浓转淡,丰满的唇型也逐渐收敛,眼部的重点转为下眼线的勾勒和假睫毛的使用。20世纪70年代,开始使用暗色眼影,眼线则提倡自然。20世纪80年代,呈现浮华的绚丽和略带夸张的做作,常使用过度的腮红及阴影修饰,体现个性美,到后期因受复古风影响,转向追求自然柔和。20世纪90年代,审美意识崇尚多元化,主张化妆为了表达一个人的个性,突出个人的特质独韵,不再效仿影视明星,这是化妆趋向成熟,女性审美观趋向成熟的标志。

为了适应对外交往和高层次美容服务的需要,近十年来,在全国许多城市,培养美容专业人才的学校如雨后春笋般大量涌现;与此同时,多层次的各类美容培训班也纷纷开设,为社会输送了数以千计的美容方面的专业人才,与其配套的美容机构的出现,在一定程度上,满足了广大群众对世界新潮美容的需求,目前,新兴的美容事业已日益受到普遍的欢迎,呈现出一种方兴未艾的势头,而且正向着更深更广的领域拓展。这一可喜的现象,完全符合美容事业发展的总趋势和现代世界的新潮流。

三、化妆的基本概念

所谓化妆,顾名思义,是指人们在日常的社会活动中,以化妆品和艺术描绘的手法来装扮美化自己,以达到增强自信和尊重他人的目的。化妆一词本身就含有"装饰技术"的意思。人们可以通过化妆品和描绘的技巧,把面部本身的优点加以发扬,反之,对某些不足给予弥补。纵观历史,化妆的发展建立在物质文明的基础之上。正所谓:食必常饱,然后求美;衣必常暖,

然后求丽。真正推动化妆发展的动力是人们心中对美的追求与渴望。因为无论是生产力极其低下的原始社会,还是在硝烟弥漫的战争岁月,人类总是在客观条件允许的情况下尽其所能地美化自己,也正是人们内心对美的追求所产生的巨大能量,才使化妆不断发展,也赋予了化妆一词越来越深广的内涵。

化妆作为个体活动的同时,还具有广泛的社会性。每一个历史阶段,人们的道德、伦理和社会风俗习惯,都会对化妆产生很大的影响。例如,在我国封建社会,妇女的地位极其低微,化妆在"男尊女卑"的思想影响下,或刻意雕琢,或流于浮华,以迎合男子。随着社会的进步,当妇女要求在社会中与男人享有平等的地位时,化妆则要求符合自身的特点,突出个性的表现,这些成为当今化妆的主流。现在,人们对环境的保护意识逐渐增强,在渴望回归自然的思想的影响下,天然成分的化妆品和自然的化妆手法也是当今化妆的重要特征。随着社会交往的日益频繁,化妆不仅可以达到美化容貌、增强自信的目的,而且还表现为一种对他人的礼貌和尊重,在社会交往中越来越受到人们的广泛重视,化妆也将随社会发展具有更丰富的内涵。

四、化妆的分类与特征

(一)化妆的分类

根据目的可将化妆分为两大类,即生活化妆和艺术化妆。生活化妆主要是弥补不足,美化容颜,展现个性风采;艺术化妆主要以表演和展示为目的,包括影视化妆、舞台化妆、摄影化妆等。

本书所讨论的化妆以生活化妆为主要内容,生活化妆可分为淡妆和浓妆两大类。化妆的淡与浓主要取决于展示场景的照明条件:如果在自然光线或接近自然光线的人工照明下,化妆的用色要浅淡,描画要细腻,故称淡妆;如果在晚间由钨丝灯或其他艺术光照明,化妆的用色和描画就需要浓艳些,装饰性要强些,这种妆型统称浓妆。淡妆与浓妆各自有不同的特点。

(1)淡妆:日常生活中较为普遍的化妆手法。淡妆妆色清淡典雅,自然协调,仅对面容进行轻微修饰与润色。从某种意义上讲,化生活淡妆难度较大,因为既要基本不显露化妆痕迹,又要达到美化的效果。淡妆依据不同的场合和衣着又分为多种形式。例如,在家中可以施以色彩自然的淡妆等。但无论哪种表现形式,清淡、自然是淡妆最本质的特征。

(2)浓妆:又称晚妆,妆色浓而艳丽,层次比较分明,明暗对比略强,色彩搭配丰富协调。五官描画要适度夸张,对面部凹凸结构可进行调整,扬长避短,掩盖和矫正面部的不足。浓妆在风格和形式上也要随所处场合和环境的不同而改变:参加舞会,就要求妆色艳丽而略有夸张;出席宴会,就要施以大方、端庄的晚妆;新娘的化妆则要在突出喜庆气氛的同时,充分展现女性典雅的阴柔之美。

(二)化妆的特征

生活化妆与艺术化妆不同,它服务于生活,更接近于生活,主要有以下几个特点。

1. 因人而异

俗话说"千人千面",也就是说每个人都有各自的特点。化妆是以个人的基本条件(主要指容貌上的)为基础的,个人的基本条件是选择化妆品和技术手法的决定性因素。如:皮肤较粗糙的人要选用细腻、遮盖力强的粉底;皮肤较黑的人应该避免使用浅色的粉底;东方人与西方人分属不同种族,面部结构及肤色都不相同,所以,在用色和化妆手法上都有很大差异。化妆还要考虑年龄情况，年轻人皮肤富有弹性，表面光滑，因此施粉要薄，用色要淡；中年人皮肤弹性开始变弱，而且有轻微的皱纹出现，皮肤显得暗淡，在化妆时要注重技巧，以求遮盖住松弛的部位。除此之外，性格、职业、气质等都是化妆应该考虑的因素。化妆的这一特性，要求化妆师要有敏锐的观察力，对于化妆的对象要有较深入的了解。

2. 因地而异

同样的化妆在不同的场合和照明条件下的效果是极不相同的，有时甚至还会产生相反的效果。例如，在光照很强的自然环境中，不能使用太白或偏红颜色的粉底，并且对眼、眉、面颊等部位的修饰要细致柔和，原因是用太白的粉底修饰眼、眉、面颊，容易在明亮的光线下暴露修饰痕迹。还有，在环境空阔、光线明亮和有大量的浅蓝色反射光线的环境中，如红色用多了，妆容会变成紫色；而在晚上，由于室内是灯光照明，化妆用色可以浓重一些，面部各部位的描画可以适当地夸张一些，特别是在钨丝灯光下，更可大胆用色。

3. 因时而异

每个时代的人的精神面貌和社会风尚不同，化妆的形式也因此千变万化。社会的风尚对化妆的影响很大，社会潮流的变化往往很快地反映在发型、化妆和服饰上。

五、化妆"三要素"

（一）眼睛

眼睛也称为"心灵的窗户"，是化妆的第一要素、化妆的核心。眼睛的美，表现在其"神"和"形"，"神"是内在素质和情感的表现，"形"则可以通过眼部的化妆表现出来。

（二）肤色

俗话说"一白遮百丑"，肤色是化妆的第二要素，也是化好妆的基本条件。准确地使用颜色和表现出面部轮廓的立体感，还能起到改善肤色和表现皮肤质感的作用。

（三）嘴唇

嘴唇被称为"女性的魅力点"，故嘴唇在化妆美容中很重要。嘴唇的美包括形态美、曲线美、质地美和色彩美，可以通过化妆表现出来。

（孙晶　陈芳芳）

第二节　化妆品和化妆用具

一、常用化妆品种类及应用

化妆品是用于清洁、保养和美化皮肤、毛发的用品。化妆品种类数不胜数，要在化妆中正确选择和使用化妆品，达到理想的化妆效果，应对化妆品的分类、成分、作用和使用方法等内容有所了解。

化妆品的分类方法有很多种，如按外部形态可分为膏霜类、蜜类、粉类、液体类；按使用目的可分为清洁类、护肤类、粉饰类、治疗类、护发类、固发类、美发类、美甲类等；按使用对象的年龄、性别可分为儿童化妆品、老年人化妆品、女性化妆品、男性化妆品等；此外，还可按皮肤性质和使用部位等进行分类。按化妆的专业需要区分，常用的化妆品可分为洁肤、护肤和粉饰三大类。

（一）洁肤类

1. 洁面皂

洁面皂是人们普遍使用的洁肤品，其特点是质地细腻、性质温和、泡沫丰富、去污力强、价格相对较低，是一种深受人们喜爱的传统的洁肤品。现在，洁面皂中会添加保湿剂和软化剂成分，克服了以往洗后皮肤干涩的缺点，加上其使用方便，因而成为家庭常用的洁肤品。使用方法：先用温水将皮肤润湿，再用洁面皂和水在手上揉出泡沫，利用泡沫清洗皮肤，这样可减少皂体直接接触皮肤所产生的刺激，当泡沫与皮肤充分接触后，用温水将皮肤冲洗干净。

2. 清洁霜

清洁霜内含有油分和表面活性成分，去污力很强，常用于化妆皮肤和油脂较多的皮肤的清洁。清洁霜中的油分可以清除化妆品中的脂溶性成分，是清除粉饰类化妆品的最佳用品。使用方法：将清洁霜均匀地涂于皮肤上，轻轻加力按摩，待其与皮肤上的化妆品及污垢充分接触溶解后，用纸巾轻轻擦干净，然后用温水冲洗。

3. 洗面奶

洗面奶是一种性质温和的液体软皂，其pH值多与皮肤表面pH值相近，为弱酸性或中性。洗面奶主要是利用表面活性剂清洁皮肤，对皮肤无刺激，适合于卸妆后或没有化妆的皮肤使用。使用方法：将洗面奶涂于皮肤上，轻柔按摩，待与皮肤充分接触后，用温水清洗干净，或先用纸巾将洗面奶擦干净，再用温水清洗。使用洗面奶时要根据皮肤的具体情况进行选择：油性皮肤应选择有抑制油脂分泌作用的洗面奶；干性皮肤应选择滋润营养性的洗面奶；暗疮或有斑皮肤应选择有治疗作用的洗面奶。

4. 卸妆液

卸妆液性质温和、清洁效果好，其水油平衡适中，油性成分可以洗去污垢，水性成分又可以保持肌肤滋润，对皮肤的刺激性小，适用于日常生活妆，也适用于缺水的皮肤。使用方法：用化妆棉蘸卸妆液轻轻擦拭皮肤，直到化妆棉上不再有任何化妆品颜色，再用温水清洗。

5. 卸妆油

卸妆油是一种加了乳化剂的油脂，可以轻易与脸上的彩妆油污融合，再通过水乳化的方式，冲洗时将脸上的污垢带走，是彩妆及浓妆的第一道清洁剂。卸妆油对油性彩妆的清洁效果好，但对皮肤有一定的刺激性。使用方法：先将卸妆油涂于皮肤并轻轻按摩，使皮肤上的油性彩妆溶解，然后用棉片或纸巾擦拭干净，再用清洁霜或洗面奶清洁。

（二）护肤类

1. 化妆水

化妆水又被称为营养水、滋润液等。化妆水的主要作用是补充皮肤的水分和营养，使皮肤滋润舒展，平衡皮肤酸碱度，同时还具有收缩毛孔、防止脱妆的作用。化妆水的种类很多，要根据化妆需要和皮肤的性质进行选择。

1）滋润性化妆水　具有保湿作用，适合干性和中性皮肤。

2）柔软性化妆水　有软化表皮的作用，用后可使妆面服帖自然，适合皮肤较粗糙者使用。

3）收敛性化妆水　具有收缩毛孔的作用，可防止脱妆，多在夏季使用。适合油性皮肤和轻度痤疮皮肤。

4）营养性化妆水　可补充皮肤的水分和营养，使皮肤滋润有光泽，适合干性和衰老性皮肤者使用。使用方法：将化妆水滴于化妆棉上，再用化妆棉轻拍在皮肤上。

2. 润肤霜

润肤霜可保持皮肤的水分平衡，提供皮肤所需营养，并在皮肤表面形成一层保护层，将化妆品与皮肤隔开。使用方法：将润肤霜在面部涂匀并轻轻按摩，使皮肤充分吸收。

（三）粉饰类

1. 粉底

粉底具有遮盖性，可掩盖皮肤的瑕疵，调整肤色，改善皮肤质地，使皮肤显得光滑细腻，通过粉底的深浅变化还可以增强面部立体感。粉底的种类很多，有粉底液、粉底霜、粉条、粉饼和遮瑕膏等。

1）粉底液　呈半流动状，油脂含量少。粉底液易于涂擦，可使皮肤显得透明、自然，但遮盖力较弱。粉底液适合化淡妆使用，也适合油性皮肤者使用，尤其适合夏季使用。

2）粉底霜　含脂量高，黏附性及舒展性都较好，遮盖性强于粉底液，适合干性和中性皮肤者使用，也适合秋冬季节使用。

3）粉条　形状多呈长条形，故称粉条（图3-8）。粉条油脂含量高，遮盖性强，适合于浓妆或肤色难看者使用。

4）粉饼　呈固体状的粉块（图3-9），并配有专用的化妆海绵。粉饼有多种使用方法，如涂粉底、定妆和补妆等。粉饼使用简单、携带方便，适合个人使用。由于粉饼的含脂量低，适合夏季使用。使用方法：用微潮湿的化妆海绵蘸上粉底在皮肤上均匀地涂抹。

图3-8　粉条

图3-9　粉饼

5）遮瑕膏　成分与粉条相似，其遮盖力强于粉条。遮瑕膏根据颜色不同和深浅差异分成很多种，要按具体情况进行选择。以上各种粉底除粉饼外，在使用后都需定妆。

2. 蜜粉

蜜粉（图3-10）也称干粉或碎粉，为颗粒细致的粉末。蜜粉在涂抹粉底后使用，目的是使粉底与皮肤的贴合更为牢固，还可调和皮肤亮度，吸收皮肤表面的汗和油脂，使皮肤爽滑，减少粉底的油腻感。使用方法：用蘸有蜜粉的粉扑拍按在皮肤上，再用粉刷将浮粉扫掉。

3. 胭脂

胭脂（又名腮红）有改善肤色和修正面型的作用，它可使面色显得红润健康。胭脂有膏状和粉状两种，化妆常用粉状胭脂。使用方法：膏状胭脂用在定妆之前，可用手或化妆海绵涂擦;粉状胭脂用在定妆之后,需用胭脂刷涂抹(图 3-11)。

图 3-10　蜜粉

图 3-11　胭脂

4. 眼影

眼影(图 3-12)用于美化眼睛,具有增加面部色彩,加强眼部的立体效果、修饰眼形的作用。常见的眼影有粉状眼影、膏状眼影和笔状眼影。化妆中最常用的是粉状眼影。使用方法:粉状眼影在定妆后使用,用眼影刷、眼影海绵或手涂抹;笔状眼影在定妆后直接涂抹。

图 3-12　眼影

5. 眼线液(笔)

眼线液(笔)用于调整和修饰眼部的轮廓,增强眼睛的神采。眼线液为半流动状液体,并配有细小的毛刷。用眼线液(图 3-13)描画眼线的特点是上色效果好,但操作难度较大。眼线笔外形如铅笔,芯质柔软,特点是易于描画,效果自然。使用方法:使用眼线液时,要先用毛刷蘸眼线液后再描画,描画时,手要稳,用力要均衡;用眼线笔画眼线时,沿睫毛根部直接描画即可。

6. 眉笔

眉笔(图 3-14)呈铅笔状,芯质较眼线笔硬。眉笔用来加强眉色、增加眉毛的立体感和生

图 3-13　眼线液

图 3-14　眉笔

动感。常用的眉笔颜色有黑色、灰色、棕色等。使用方法：用眉笔在眉毛上描画，力度要小而均匀，描画应尽量自然柔和。

7. 唇线笔

唇线笔外形如铅笔，芯质较软，用于描画唇部的轮廓。唇线笔配合唇膏使用，可以增强唇部的色彩和立体感。选择唇线笔的颜色时应注意与唇膏同一色系，且略深于唇膏色，以便使唇线和唇色协调。使用方法：用唇线笔依唇部的基本轮廓描画，描画时要注意线条整齐并体现柔和感，生硬的或参差的线条都会影响唇形的美感。

8. 唇膏

唇膏（图 3-15）的黏稠度强，色素含量大。唇膏具有增添唇部色彩和光亮度的作用。使用方法：用唇刷将唇膏涂于唇线以内的部位，涂抹要均匀，薄厚要适中。

9. 睫毛膏

睫毛膏（图 3-16）通过增加睫毛的密度、长度和光亮度来美化眼睛。睫毛膏可分为无色睫毛膏、彩色睫毛膏、加长睫毛膏、防水睫毛膏等多种。无色睫毛膏呈透明或半透明状，可以增加睫毛的光泽；有色睫毛膏具有多种颜色，要根据自身睫毛的颜色和化妆色彩的需要进行选择。亚洲人在化妆中最常用黑色的睫毛膏。使用方法：用配置在睫毛膏包装物内的睫毛刷蘸取睫毛膏后，从睫毛根部向上、向外涂刷，待其完全干后再眨动眼睛，以防弄脏眼部皮肤。

图 3-15　唇膏

图 3-16　睫毛膏

二、常用化妆用具种类及应用

成功的化妆,一方面是靠对美的理解和娴熟的技艺,而另一方面是通过化妆品和化妆用具来实现的。在对化妆品有了充分了解的基础上,还要对化妆用具有全面系统的认识,其中化妆用具的使用是本节的重点。正确地使用化妆用具,可以使化妆的技艺得到更好的发挥和表现。俗话说"工欲善其事,必先利其器",正是这个道理。

化妆用具的种类很多,其作用及所应用的部位也各不相同。常用于涂粉底和定妆的用具有化妆海绵、粉扑、粉刷等;常用于修饰眉毛的用具有眉刷、眉梳、眉扫、眉钳、修眉刀、眉剪等;常用于修饰眼睛的用具有眼影刷、眼影海绵刷、眼线刷、睫毛夹、假睫毛和美目胶带等;常用于修饰面色、面型的用具有轮廓刷、胭脂刷等;常用于画唇的用具有唇刷等。为了使用方便,化妆用具中的刷类用具常配成一套,放在特制的用具套中,称为化妆套刷。

(一) 化妆海绵

化妆海绵(图3-17)是涂粉底用具,它可使粉底涂抹均匀,使粉底与皮肤结合得更紧密。化妆海绵质地柔软细腻,形状多样,可根据各人的习惯和喜好选择。使用方法:先将化妆海绵用水浸湿,然后再用干毛巾或纸巾将化妆海绵的水分吸出,使其呈微潮的状态,因为微潮的化妆海绵会使粉底涂得更服帖,然后再蘸粉底在皮肤上均匀涂抹。

图3-17 化妆海绵

(二) 粉扑

粉扑用于扑按定妆粉,一般呈圆形,专业美容师使用的粉扑背后有一半圆形夹层或一根宽带(图3-18),其目的是可用手将粉扑勾住。化妆时应准备两个粉扑,相互配合使用。使用方法:用一个粉扑蘸上蜜粉,与另一个粉扑相互揉擦,使蜜粉在粉扑上分布均匀,再用粉扑扑按皮肤。另外,在定妆后的化妆过程中,为了避免美容师的手蹭掉化妆对象脸上的妆,美容师应用手的小拇指套上粉扑进行描画,这样手就不会接触到面部皮肤了。

(三) 粉刷

粉刷多用于定妆时掸掉浮粉,是化妆套刷中最大的一种毛刷。其外形饱满,毛质柔软,不刺激皮肤(图3-19(a))。此外,还有一种刷头呈扇形的粉刷(图3-19(b)),这种粉刷主要用于保持妆面的洁净。使用方法:用粉刷在定妆后的皮肤上横向轻扫,将浮粉扫掉。操作时不要将刷头直对皮肤,以免刺激皮肤。扇形粉刷的使用一般在画眼影之前。扇形粉刷的作用主要是蘸蜜粉涂在下眼睑处,要多涂一些蜜粉,待眼部化妆完后,再用粉刷将下眼睑的浮粉连同掉

图 3-18　粉扑

落的眼影粉一起扫去,这样做是防止画眼影时弄脏妆面。

（四）胭脂刷

胭脂刷是用来涂擦胭脂的毛刷,其外形小于粉刷而大于轮廓刷,毛质柔软（图 3-19（c））。使用方法：用胭脂刷蘸上胭脂由鬓角处向面颊轻扫。

（五）轮廓刷

轮廓刷用于面部的轮廓,外形小于胭脂刷（图 3-19（d））。它主要用来配合阴影色或光影色使用,是调整面型的化妆用具。使用方法：用蘸有阴影色或光影色的轮廓刷在面部的凹凸部位进行涂刷和晕染。

图 3-19　化妆套刷（部分）

（六）眼影刷

眼影刷是晕染眼影的工具,毛质柔软,顶端轮廓柔和（图 3-20）,眼影刷可使眼影的晕染效果柔和自然。使用方法：将蘸有眼影粉的眼影刷在上下眼睑处轻扫。

图 3-20　眼影刷

（七）眼影海绵

眼影海绵是涂抹眼影的工具，配有松软海绵头，分单头和双头两种（图3-21）。化妆时，用眼影海绵涂眼影，可以使眼影与皮肤服帖，是眼部化妆的必备用具。使用方法：用眼影海绵蘸眼影粉在眼睑处轻轻涂抹。

图 3-21　眼影海绵

（八）眼线刷

眼线刷是化妆套刷中较细小的毛刷（图3-22），用于画眼线，用眼线刷画眼线比用眼线液和眼线笔画得更柔和自然。使用方法：用眼线刷蘸深色眼影粉在睫毛根处描画。

图 3-22　眼线刷

（九）眉扫

眉扫是整理和描画眉毛的用具，扫头呈斜面状，毛质比眼线刷硬一些（图3-23），用眉扫画眉比较柔和。使用方法：用眉扫在画过的眉毛上轻扫，使眉色均匀自然；也可以用眉扫蘸深色眉粉在眉毛上轻扫，以加深眉色。

图 3-23　眉扫

（十）眉梳和眉刷

眉梳是梳理眉毛和睫毛的小梳子，梳齿细密。眉刷是整理眉毛的用具，形同牙刷，毛质粗硬。在化妆工具中眉梳和眉刷常常被制作为一体，成为一件用具的两个部分（图3-24）。使用方法：在修眉前用眉梳把眉毛梳理整齐，这样便于眉毛的修剪。眉梳还可以将涂抹睫毛膏时粘在一起的睫毛梳通，具体操作是从睫毛根部沿睫毛弯曲的弧度向上梳。眉刷的具体用法是在画过的眉毛上，用眉刷沿着眉毛的生长方向轻轻刷动，使眉色协调。

（十一）眉钳

眉钳是修整眉形的用具（图3-25），眉钳可将眉毛连根拔掉，去除所修眉形以外的多余眉

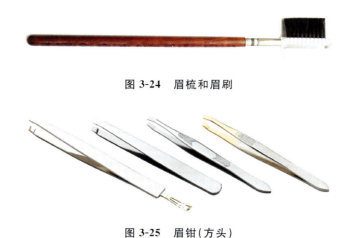

图 3-24　眉梳和眉刷

图 3-25　眉钳（方头）

毛。眉钳有多种类型,常见眉钳有圆头和方头,可根据个人爱好及使用习惯选择。此外,眉钳还可作为辅助工具使用,如帮助粘贴、固定假睫毛等。使用方法:用眉钳将眉毛轻轻夹起,然后快速拔掉,拔眉时要一根一根地拔。

（十二）修眉刀

修眉刀用于修整眉形及发际处多余的毛发。修眉刀的外形与美发用刮刀相似,有普通型（图 3-26(a)）和防护型两种（图 3-26(b)）,普通型和防护型的不同之处在于防护型在刀片两侧加了两排细齿,在使用时更为安全。修眉刀的特点是去除毛发的速度快,清理毛发时边缘处整齐。使用方法:将皮肤绷紧后,使刀片与皮肤成 45°角,紧贴皮肤将毛发切断。

(a)　　　　　　　　　　　　(b)

图 3-26　修眉刀

（十三）眉剪

用于修剪杂乱或下垂的眉毛,也可用于修剪假睫毛。有的使用者用眉剪代替眉钳和修眉刀修眉。使用方法:在修剪杂乱或下垂的眉毛时,先用眉梳按眉毛的生长方向梳理整齐,将超过眉形部分的眉毛剪掉（图 3-27）。

（十四）睫毛夹

睫毛夹可使睫毛卷曲上翘。睫毛夹的头部呈弧形,夹口处有两条橡皮垫,使夹口啮合紧密（图 3-28）。使用方法:先将睫毛置于睫毛夹啮合处,再将睫毛夹夹紧。操作时在睫毛根部、中部和外端分别加以弯曲。睫毛夹固定在一个部位的时间不要太长,以免使弧度过于生硬。

（十五）假睫毛

假睫毛可增加睫毛的浓度和长度,为眼部增添神采。假睫毛一般有完整型和零散型两

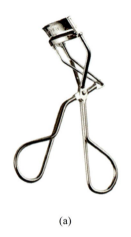

(a)

(b)

图 3-27　眉剪

图 3-28　睫毛夹

种,完整型是指呈完整睫毛形状的假睫毛,零散型是指两根或几根组成的假睫毛束,零散型适合局部睫毛残缺的修补,也适合淡妆中睫毛的修饰。使用方法:完整型假睫毛使用前要先进行修剪(图 3-29(a)),然后用化妆专用胶水将其固定在睫毛根上(图 3-29(b))。零散型假睫毛是用专用胶水将假睫毛固定在真睫毛上,并与真睫毛融为一体。

(a)

(b)

图 3-29　粘贴假睫毛

（十六）唇刷

唇刷是涂抹唇膏的毛刷。唇刷的外形小于眼影刷而大于眼线刷，刷毛富有弹性（图 3-30）。用唇刷涂唇膏，色彩会比较均匀，显得自然真实。使用方法：用唇刷蘸唇膏，均匀涂抹于整个唇部。

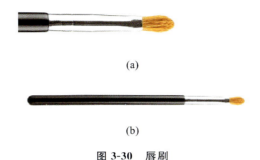

图 3-30　唇刷

（十七）美目胶带

美目胶带是矫正眼形的化妆用具，是带有黏性的透明胶纸，可将单眼皮修饰成双眼皮，也可矫正下垂的上眼睑。美目胶带为透明或半透明的卷状胶带（图 3-31）。使用方法：根据修饰需要将美目胶带剪成弧形，贴于上眼睑的适当部位。

图 3-31　美目胶带

（孙晶　陈芳芳）

第三节　化妆的基本技巧和方法

化妆是美化容貌的重要方法。回顾以往，化妆始终伴随着人类文明的进程，展望未来，化妆在人们对美的强烈追求中将会更加迅猛地发展。如何熟练掌握化妆方法，快速提高化妆技术，是每个美容师关心的问题。本节的内容是化妆的基本技巧和方法，是在前一节化妆品和化妆用具的知识基础上的实际运用，是化妆的重点和要点。

一、面色的修饰方法

面色的修饰主要通过涂粉底来完成。人的面部皮肤由于遗传、健康和环境等因素的影响，或多或少都会出现一些问题，如面色灰暗、偏黄、有瑕疵或局部皮肤发暗或过红。通过使用粉底，可以遮盖瑕疵，调和肤色，改善面部皮肤质地，使面部显得健康、光洁和细腻。俗话说"一白遮百丑"，可见面色对于容貌的美化是很重要的。要想涂好粉底，应注意以下几个问题。

（一）粉底颜色的选择

粉底除需质地细腻、性质温和之外，最重要的是对颜色的选择。选择粉底颜色的基本原则是，与肤色相接近。过白的粉底会给人"假"的感觉，像戴着一个面具，无法产生美感。粉底颜色过深，会使皮肤显得太暗，也收不到好的效果。只有使用与肤色相近颜色的粉底，才能在美化肤色的同时又尽显自然本色。因为这种颜色的粉底可与皮肤结合得自然真实。除根据肤色选择粉底外，还要根据妆型的需要来选择粉底色。自然光线下应选择比肤色稍深一些的粉底，这样会显得自然，不易流露化妆痕迹。浓妆在选择粉底色时随意性较强，因为浓妆所展示的场景允许适度夸张，可根据化妆造型设计的特殊需要进行选择。例如，新娘妆原本是浓妆，但为了表现新娘的喜悦和娇羞，新娘妆常选择淡粉色粉底。以上所述为基色粉底的选择，所谓基色是指通过涂抹粉底所形成的一种基本面色。在基色的基础上，还常涂抹亮色和阴影色，亮色是比基色浅的粉底色，阴影色是比基色深的粉底色。通过使用亮色和阴影色，可以突出面部立体结构和修正不理想的脸形。

（二）遮瑕

遮瑕是面色修饰的一项重要内容。它与粉底组成一个有机整体，共同起到对面部皮肤美化和修饰的作用。遮瑕是用遮瑕膏遮盖那些粉底盖不住的瑕疵，在涂粉底前使用。常用遮瑕膏有肉色、淡绿色、淡紫色和淡黄色等。肉色遮瑕膏很像粉底，只是其遮盖力强于粉底，但美中不足是用后皮肤易失去透明感，所以只适合极小面积使用；淡绿色遮瑕膏对发红的皮肤有抑制和遮盖作用；淡紫色遮瑕膏对偏黄皮肤有一定的抑制和遮盖作用。淡紫色和淡绿色遮瑕膏还可对面部做整体或局部的修饰，但不足之处是局部使用时易留下白色的痕迹，整体使用时使粉底显得不服帖；淡黄色遮瑕膏是目前最受喜爱的遮瑕用品，对于多种瑕疵的遮盖效果都很好，而且不影响皮肤的透明感，也不会留下白印，淡妆和浓妆都适合使用。涂遮瑕膏时，用化妆海绵蘸少量遮瑕膏，轻轻擦按在皮肤上。遮瑕膏的用量一定要少，否则会形成白印，影响化妆效果。涂抹遮瑕膏时动作要尽量轻，使遮瑕膏薄而均匀地覆盖在皮肤上。面部遮瑕的顺序为眼周→鼻窝→嘴角→面部有斑点的部位。

（三）粉底的涂抹方法

用蘸有粉底的化妆海绵在额头、眼周、鼻、面颊和下巴等部位依次涂抹。涂抹时由内向外拉抹并可稍加按压，使粉底服帖。涂粉底时按顺序，一个部位一个部位地进行，不可反复涂抹。粉底涂抹要均匀，薄厚适中，使面部颜色统一。粉底在面部的覆盖要全面，一些细小、易疏忽的部位，如上下眼睑、鼻窝和耳部等均应覆盖粉底。另外，为了化妆的整体效果，在颈部、前胸及其他裸露部位都应涂抹粉底。在基色粉底涂抹之后，还要涂亮色和阴影色粉底，涂抹的手法与涂基色粉底相同。粉底的涂抹应有准确的位置（图3-32），但在化妆中不可机械照搬，应根据具体的面部特征而相应变化。

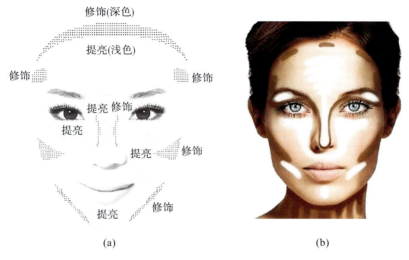

图 3-32　涂亮色和阴影色及胭脂的位置

二、眉毛的修饰方法

从化妆的发展过程可以知道,眉毛的修饰美化在我国有着非常悠久的历史,眉的美化在古代化妆直至现代化妆中都占有极其重要的位置。千百年来人们对眉的美化如此重视,是有一定道理的。

眉位于眼睛上方,附着在肌肉和眉骨上,距眼较近,对眼睛的修饰、映衬作用表现突出。常听人们说,眼睛是心灵的窗户,但如果没有眉毛的映衬,眼睛的神采会大打折扣。剃掉眉毛的人,无论多美都会显得怪异可笑,而整体的容貌也会随眉毛的消失而发生变化,尤其会使眼睛失去原有的神采。由于眉毛会随表情的变化而产生一定的位移,如上扬、紧蹙等,以此表达人们的情感与情绪。所以,眉形可以体现出人的个性特点,如粗黑的浓眉使人显得刚毅和坚强、高挑的眉毛使人显得精干、细弯的眉毛使人显得柔弱。由此可见,眉毛的修饰对于容貌是非常重要的。眉毛的美化与修饰一般分两个步骤来完成,分别为修眉和画眉。

(一) 修眉

所谓修眉,是利用修眉用具,将多余的眉毛去除,使眉毛线条清晰、整齐和流畅,为画眉打下一个良好的基础。修眉首先要确定哪些眉毛是多余的,这对于初学者来说是关键,为此,应了解眉毛的形状构成。标准眉形分为眉头、眉峰和眉尾三部分(图 3-33)。眉头是眉的起始点,靠近鼻根部;眉峰是眉的最高点,大约在整条眉距离眉头的 2/3 处。从眉头到眉峰的这段眉粗细无太大变化,从眉峰到眉尾的这段眉开始变细,高度下降。修眉根据所使用的用具的不同而有不同的方法。一般来说有三种方法,分别为拔眉法、剃眉法和剪眉法。

1. 拔眉法

用眉钳将多余的眉毛连根拔除。操作前可用温热的毛巾在清洁过的眉毛处热敷片刻,以软化皮肤、扩张毛孔,减轻拔眉时的疼痛感。操作时用手的食指和中指将眉部皮肤绷紧,以免眉钳夹到皮肤,再顺着眉毛生长方向一根一根地拔(图 3-34)。如果逆着眉毛的生长方向拔会增加疼痛感。拔眉时的顺序不必强求,可以先上后下,也可先下后上。但应注意拔眉时要一点一点有秩序地进行,这样不仅速度快,而且容易使眉形整齐,切不可东一根西一根地拔。

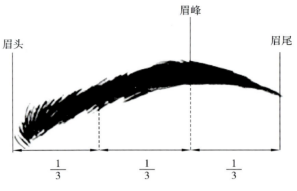

图 3-33　标准眉形

图 3-34　拔眉法

拔眉法的特点是修过的地方很干净，眉毛再生速度慢，眉形的保持时间相对较长。不足之处是拔眉时有轻微的疼痛感，长期用此法修眉，会损伤眉毛的生长系统，使常被拔眉部位的眉毛的再生率越来越低，甚至不再生长。

2. 剃眉法

剃眉法是利用修眉刀将多余的眉毛剃除。修眉刀的刀片紧贴皮肤滑动，以将眉毛贴根切断。在操作时应特别小心，因为修眉刀非常锋利，若使用不当会割伤皮肤。正确的方法如下：一只手将皮肤绷紧，另一只手的拇指和食指固定刀身，使修眉刀与皮肤成 45°角，在皮肤上轻轻滑动（图 3-35），这样的角度剃眉效果好，且不易伤到皮肤。操作时握修眉刀的手要稳，防止损伤皮肤或眉形。防护型修眉刀使用与上述修眉刀的方法基本相同，优点是安全和容易掌握。剃眉法的特点是修眉速度快，无疼痛感。但剃过的部位不如拔眉显得干净，而且眉毛再生速度快，眉形保持时间短。

图 3-35　修眉刀与皮肤成 45°角

3. 剪眉法

剪眉法是用眉剪将杂乱或下垂的眉毛剪掉，使眉形显得整齐。

操作时先将整条眉毛用眉刷理顺，然后再用眉剪将多余的部分剪掉（图 3-36）。

图 3-36　剪眉法

（二）画眉

画眉是用眉笔或眉粉描画眉毛，使眉色加深、眉形清晰的修饰方法，画眉是在修眉的基础上完成的。

1. 标准眉的位置

画眉首先要了解标准眉形的比例结构及在脸部的标准位置（图 3-37），用五句话可以简要概括。

（1）眉与眼的距离大约有一眼之隔。

（2）眉头在鼻翼或内眼角的垂直延长线上。

（3）眉峰在眼珠正视前方时外缘向上的垂直延长线上。

（4）眉尾在鼻翼与外眼角的连线与眉相交处。

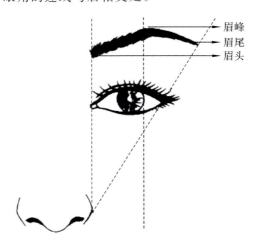

图 3-37　标准眉的位置

2. 眉的描画

人的眉毛自然生长的浓密程度各不相同，但一般眉头的眉毛较稀，色泽较浅，眉峰到眉尾的眉毛较浓密，色泽深。所以在画眉的时候，应根据眉的这一自然生长规律描画，才能使眉毛显得真实而生动。初学者描画时可分三段进行,即眉头部分、眉中部分和眉尾部分(图 3-38)。三段之间的衔接要自然,待熟练掌握描画后,便可整条眉毛连贯画下来。画眉时动作要轻,力度始终保持一致。要通过描画时笔画的疏密来控制眉毛的深浅,而不要通过力度的强弱来控制眉色的深浅,这一点与素描中表现明暗的画法很相似。

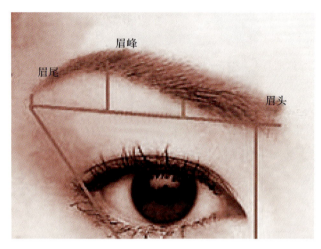

图 3-38　眉的描画

眉色的选择在画眉中也应得到重视。眉色要与发色基本一致或略浅于发色,一般常用眉色有黑棕色和黑灰色。眉色的深浅要符合整体妆面的要求。浓妆的眉色要深,淡妆的眉色要浅而自然。除此之外,眉色的选择还要根据妆面的色调和造型化妆的特殊要求而略有调整。

3. 眉形

眉形的多样化使眉毛富有变化和表现力。眉形的选择对于眉的美化非常重要,在选择眉形时要注意以下几点。

(1) 要根据自身眉毛的自然生长条件来选择眉形。较粗重的眉毛造型余地大,眉形的选择面比较宽,通过修眉可以形成多种眉形;较细浅的眉毛选择造型时会有局限性,如果一定要为细浅的眉毛选择粗重的眉形,那么无论描画技术多么高超,在近看时都会给人以失真、生硬的感觉。还有,眉是由眉骨支撑的,所以眉毛自然生长的弯曲度由眉骨的弧度所决定。眉骨突出,眉自然上扬;眉骨低平,眉形自然平直或下垂。在为眉毛选择眉形时可根据眉的自然走向稍做调整,但如果调整幅度过大,会显得不协调,不仅不能增加美感,而且影响容貌的整体效果。

(2) 要根据脸形的特点选择眉形。长脸形适合选平直的眉毛,因为平眉有缩短脸形的效果;圆形脸适合选高挑的眉形,这样可以使脸显得长一些。

(3) 根据自己的喜好选择眉形。在上述条件允许的情况下,可以根据自己的喜好选择眉形以充分表现自己的内在性格和气质。下面是常见的一些眉形,可供画眉时参考(图 3-39)。

三、睫毛的修饰方法

睫毛除具有保护眼睛的作用外,对眼睛的美化作用也非常明显。长而浓密的睫毛使眼睛充满魅力。亚洲人的睫毛比较直、硬、短,因而眼睛显得不够生动。修饰睫毛的主要内容是使其弯曲上翘,并且显得长而柔软。修饰睫毛要通过夹睫毛、涂抹睫毛膏和粘贴假睫毛来完成。

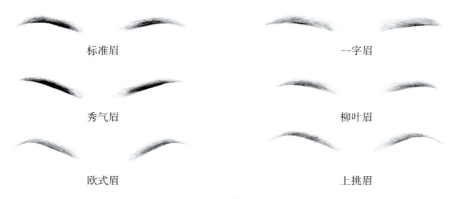

图 3-39 常见眉形

(一)夹睫毛和涂抹睫毛膏

1. 夹睫毛

用睫毛夹使睫毛卷曲上翘,这样可以增添眼部的立体感。操作时眼睛向下看,将睫毛置于睫毛夹的夹口上,将夹子夹紧,稍停片刻后松开,不移动夹子的位置连续做几次,使弧度固定。在夹睫毛时应分别在睫毛根部、中部和外端三处加以弯曲,这样形成的弧度比较自然。

2. 涂抹睫毛膏

涂抹上睫毛时,眼睛向下看,睫毛刷由睫毛根部向下向外转动(图 3-40(a))。然后眼睛平视,睫毛刷由睫毛根部向上向内转动(图 3-40(b))。涂抹下睫毛时,眼睛始终向上看,先用睫毛刷的刷头横向涂抹睫毛梢(图 3-40(c)),再由睫毛根部由内向外转动睫毛刷(图 3-40(d))。涂抹睫毛膏时手要稳,一次不要涂抹得过多,以免睫毛粘连在一起或弄脏眼周皮肤,可薄涂,涂抹多次。如果有睫毛粘连的情况出现,可用眉梳在涂抹睫毛膏后将其梳顺,使睫毛保持自然状态。

图 3-40 涂抹睫毛膏方法

（二）粘贴假睫毛

当自身睫毛稀疏、较短或妆型需要时，可利用粘贴假睫毛来增加睫毛的长度和密度。

（1）修剪假睫毛：假睫毛选好后，在粘贴前要根据化妆对象的睫毛情况修剪。用眉剪对睫毛的宽度、长度和密度进行修剪。假睫毛应修剪至呈参差状（图 3-41(a)），内眼角睫毛稀疏，外眼角浓密，这样修饰后的效果比较自然。

（2）将粘贴假睫毛的专用胶水涂抹在假睫毛根部（图 3-41(b)），胶水涂抹要薄而均匀，如果胶水涂抹过多，会令眼部产生不适感，或由于胶水太多不易干透而造成假睫毛粘贴不牢。

（3）将涂抹过胶水的假睫毛从两端向中部弯曲（图 3-41(c)），使其弧度与眼球的表面弧度相符，便于粘贴。

（4）用镊子夹住假睫毛，将其紧贴在自身睫毛根部的皮肤上，然后再由中间至两边按压、贴实。由于眼部活动频繁，内、外眼角处的假睫毛容易翘起，因此应特别注意假睫毛在内、外眼角处的粘贴（图 3-41(d)）。

图 3-41　粘贴假睫毛的方法

（5）在假睫毛粘牢后，用睫毛夹将真假睫毛一并夹弯，使它们的弯度一致，然后涂抹睫毛膏。由于此时的真假睫毛已融成一体，在涂抹睫毛膏时与上述涂抹真睫毛的方法相同。

粘贴假睫毛对于初学化妆的人来说会有一定的难度，操作时注意假睫毛的修剪要自然，粘贴要牢固，真假睫毛的上翘弧度要一致。

四、眼睛的修饰方法

眼睛是面部最为传神的器官，也是面部最醒目的部分。眼睛描画是否成功将直接影响到整体化妆的成败。这不仅是因为眼睛在面部的重要性所决定的，而且也因为眼睛本身的修饰描画较其他部位复杂，不易掌握。眼睛的修饰主要由眼影的描画和眼线的勾画两部分完成。

（一）眼影的修饰

眼影的修饰是运用不同颜色的眼影在眼睑部位进行涂抹，通过晕染的手法和眼影色的协调变化，达到增强眼部神采和丰富面部色彩的目的，同时还可以矫正不理想的眼形和脸形。这里主要讲述眼影的修饰方法。

1. 涂眼影的正确位置

在涂眼影时先要确定涂抹的位置。一般来说，涂眼影的位置多在上眼睑处，根据需要可局部或全部覆盖上眼睑。涂抹时要与眉毛有一些空隙，眉尾下部要完全空出（图3-42）。有时下眼睑也画眼影，位置在下睫毛根的地方，面积很小。

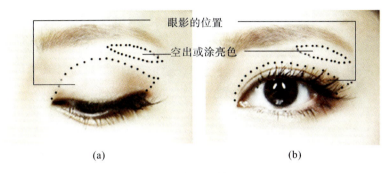

图 3-42　涂眼影的位置

2. 眼影的涂抹方法

眼影的涂抹主要是通过晕染的手法来完成的。也就是说，在画眼影时颜色不能成块状堆积在眼睑上，而是要有一种深浅变化，这样会显得自然柔和。通常眼影的晕染有两种方法，一种是立体晕染，一种是水平晕染。

1) 立体晕染　按素描绘画的方法晕染，将深暗色涂于眼部的凹陷处，将浅亮色涂于眼部的凸出部位，暗色与亮色的晕染要衔接自然，明暗过渡合理。立体晕染的最大特点是通过色彩的明暗变化来表现眼部的立体结构。

2) 水平晕染　将眼影在睫毛根部涂抹，并向上晕染，越向上越淡，直至消失。色彩呈现出由深到浅的渐变。水平晕染的最大特点是通过表现色彩的变化来美化眼睛。

3) 立体晕染和水平晕染　两种方法没有绝对的界线，立体晕染中也常包含色彩变化的内容，而水平晕染中也要顾及眼部凹凸结构的因素，只是它们所表现的侧重点不同。

3. 眼影的基本搭配方法

眼影的搭配千变万化，多种多样，就常见的眼影搭配方法来说，属于水平晕染的有上下搭配法、左右搭配法、1/3搭配法和单色晕染法，属于立体晕染的有假双眼皮画法和结构画法。

1) 上下搭配法　将上眼睑分上下两部分进行涂抹，即靠近睫毛根部位涂一种颜色，在这层颜色之上再涂另一种颜色（图3-43）。这种搭配方法操作简便，实用性强。

2) 左右搭配法　将上眼睑分左右两部分进行涂抹，即靠近内眼角涂一种颜色，靠近外眼角涂另一种颜色，中间过渡要自然柔和（图3-44）。此种搭配法色彩效果突出，修饰性强。

3) 1/3搭配法　将上眼睑分为三部分，靠近内眼角涂一种颜色，中间涂一种颜色，靠近眼尾再涂一种颜色。内眼角与眼尾的颜色可根据需要随意变化，但中间的颜色应使用亮色，目的是突出眼部的立体感和增加眼睛的神采（图3-45）。此法适合上眼睑较宽，用色余地大的眼睛。

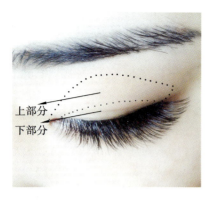

图 3-43 上下搭配法

图 3-44 左右搭配法

4) 单色晕染法　单色晕染法是指使用一种颜色的描画方法。在睫毛根处涂一种颜色,然后逐渐向上晕染开(图 3-46)。此法适合于单眼皮的眼影描画,也适合于较浅淡的妆型。

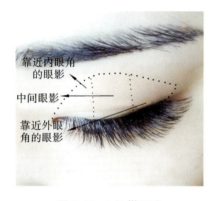

图 3-45 1/3 搭配法

图 3-46 单色晕染法

5) 假双眼皮画法　对于单眼皮或不够理想的双眼皮,在上眼睑处画出一个双眼皮的效果,称假双眼皮画法。具体画法是先在上眼睑上画一条线,这条线的高低位置要以假双眼皮的宽窄而定。如果想双眼皮宽一些,这条线就要高,反之,就低一些。涂眼影时注意,在画线以下部分涂浅亮的颜色,在画线以上涂深暗一些的颜色,这样就会使假双眼皮的效果更明显(图 3-47)。

6) 结构画法　这是一种突出眼部立体结构的画法。具体画法是先在眉骨下与眼球相接的凹陷处画一条弧线或斜线,从外眼角处沿这条线向眼中部晕染,颜色逐渐变浅,在线的下方和眉梢下端涂浅亮色(图 3-48)。

(二) 眼线的修饰

画眼线是用眼线笔在上、下睫毛根部勾画出两条细线,有强调眼形的作用。从观察中发现,睫毛浓密的眼睛周围会自然形成一条细线,而睫毛稀少的眼睛周围就没有这条线。这条线对表现眼睛的神采有很大的帮助,这便是画眼线的主要目的,眼线一定要画在睫毛根处。

1. 标准眼线的要求

标准眼线要画在睫毛根处,上下眼线均从内眼角至外眼角由细到粗变化。上眼线粗,下眼线细,上眼线的粗细是下眼线的一倍左右(图 3-49)。这样的标准是根据眼睫毛的自然生长规律来确定的。一般来说,靠近内眼角的睫毛稀疏,而靠近外眼角的睫毛浓密,且上睫毛较下睫毛浓很多,所以眼线的画法也就是遵循这一自然规律而形成的。

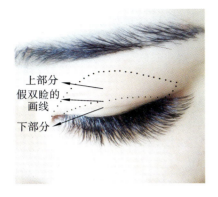
图 3-47　假双眼皮画法

图 3-48　结构画法

2. 眼线的描画

眼线的描画要格外细致，因为眼线离眼球很近，眼球周围的皮肤非常敏感，描画时的不小心会刺激眼睛流泪，破坏妆面。画上眼线时，让化妆对象闭上双眼，用一只手在上眼睑处向上轻推，使上睫毛根充分暴露出来，眼睛向下看，然后从外眼角或从内眼角开始描画（图 3-50）。画下眼线时，让化妆对象眼睛向上看，然后从外眼角或从内眼角进行描画。眼线要求整齐干净、宽窄适中，描画时力度要轻，手要稳。

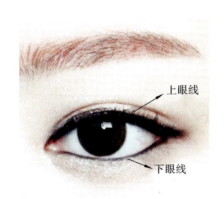
图 3-49　标准眼线

图 3-50　描画眼线

3. 眼线的颜色

眼线的颜色有很多种，如黑色、灰色、棕色、蓝色、紫色、绿色等。亚洲人由于毛发的颜色是黑色，所以常使用黑色眼线笔，但有时根据妆型设计的特殊需要也使用其他颜色。

五、鼻的修饰方法

（一）标准鼻型

标准鼻位于面部正中，占据了面部的最高点，它的立体构造使它在面部显得很独特。在对鼻子进行修饰时，特别要注意充分地美化，要与面部其他部位和谐一致，完整统一。鼻部的美化主要通过阴影色和亮色来完成，阴影色涂于鼻子的两侧，称为鼻侧影，亮色涂于鼻梁部位，这样修饰可使鼻子显得挺拔。

鼻的长度为脸长度的 1/3。鼻根部位于两眉之间，鼻梁由鼻根向鼻尖逐渐隆起，鼻翼两侧在内眼角的垂直线上，鼻的宽度是脸宽的 1/5（图 3-51）。

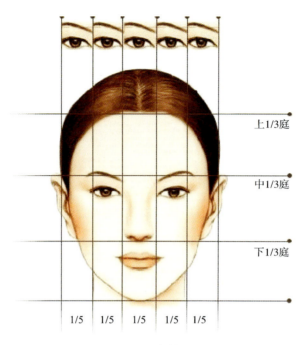

图 3-51 鼻的位置

（二）鼻的描画方法

在对鼻进行修饰时，先涂鼻侧影。用手指或化妆海绵蘸少量影色粉，或用眼影刷蘸少量影色粉，从鼻根外侧开始向下涂，颜色逐渐变浅，直至鼻尖处消失，然后在鼻梁正面涂亮色。在描画时应注意，鼻侧影要尽量柔和，不能形成两条色条，否则会显得失真和可笑。为使鼻的修饰自然，应注意以下几点：

（1）涂抹时注意色彩的变化，眼窝处深一些，越向鼻尖部越浅，直至消失；
（2）不要一次蘸色太多，要一点一点涂；
（3）在画鼻侧影时要先确定好位置再画，不要多次涂改，这样会使化妆面显脏；
（4）鼻侧影与亮色及面部皮肤的衔接要自然；
（5）鼻侧影的上方要与眼影色相融；
（6）鼻侧影要对称；
（7）鼻梁上的亮色的宽度要适中；
（8）鼻的修饰多用于浓妆，淡妆要慎用。

六、面颊的修饰方法

面颊的修饰可以增加面部的红润感，使面色显得健康，还能增添女性的妩媚，通过腮红的修饰还可以修正不理想的面型。

（一）标准腮红的位置

标准的腮红位置在颧骨上，笑时面颊能隆起的部位。一般情况下，腮红向上不可高于外眼角的水平线；向下不得低于嘴角的水平线；向内不超过眼睛的 1/2 垂直线（图 3-52）。根据脸形和化妆造型的具体情况，腮红的位置和形状会有相应的变化。

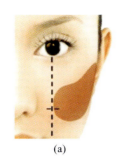
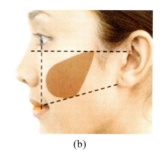

(a)　　　　　　　　　　(b)

图 3-52　涂腮红的位置

（二）腮红的描画

腮红的描画主要是通过胭脂刷的晕染来完成的。腮红的晕染是腮红修饰的重点和难点。操作中用胭脂刷蘸少量胭脂在腮红的中心位置向四周晕开，然后再蘸再晕，直到颜色符合标准为止。在晕染的过程中应注意一次不要蘸太多胭脂，否则会使腮红过深或成块，显得呆板、不自然。特别要注意的是，腮红的晕染效果应是中心颜色深，而四周逐渐浅直至消失，腮红与面色浑然成为一体。这样的晕染给人一种从内向外透出的红色，自然而真实。如果腮红画成一个色块，给人的感觉会像面颊部的一块浮色，生硬而失真。腮红的颜色要根据不同妆型的要求进行选择。

七、唇的修饰方法

唇部的修饰主要是涂抹各种色彩的唇膏。涂唇膏是最为普遍和深受广大妇女喜爱的化妆方法。很多不常化妆的妇女，也常备一支自己喜爱的唇膏在身边，以便在需要时擦用。可见涂唇膏是很受人们重视的美容法。通过对唇部的修饰，不仅能增强面部色彩，而且还有较强的调整肤色的作用。唇部的修饰主要由描画唇形和涂抹唇色两部分组成。

（一）标准唇型

标准唇型的唇峰在鼻孔的中垂线上，嘴角在眼睛平视时眼球内侧的垂直延长线上，下唇中心厚度是上唇中心厚度的 2 倍（图 3-53）。

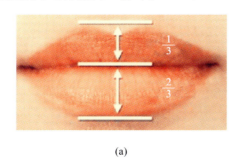
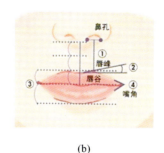

(a)　　　　　　　　　　(b)

图 3-53　标准唇型

（二）唇的描画方法

唇的描画主要有三种方法。

（1）先用唇线笔将上、下唇线画出来，再用唇刷涂唇色。画唇线时，先由上唇峰开始描画，至嘴角，再将下唇线一笔画出（图 3-54（a））。使用此法画唇，嘴唇的轮廓鲜明突出，但应注意唇线与唇膏要衔接自然,避免唇线太明显。

(2) 直接使用唇刷膏蘸唇膏描唇线和涂唇色。画唇线时,先画上唇峰再描两侧,下唇也是先画中间再画两边(图 3-54(b))。这种画唇法使唇显得自然柔和。

(3) 这是一种能突出唇的立体效果的画唇方法,通过唇色的变化增加立体感。具体操作是先用颜色深一些的唇线笔画唇线,口角两侧要加重描画,然后用浅一些的唇膏将唇涂满,最后在唇中部涂上浅色亮光唇膏。亮光唇膏可选用白色、银灰色,甚至金黄色。唇色的选择也是唇部修饰的一项重要的内容。

(a)

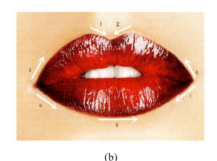
(b)

图 3-54　唇的描画

(三) 常见唇型

下面是常见的一些唇型,可供画唇时参考(图 3-55)。

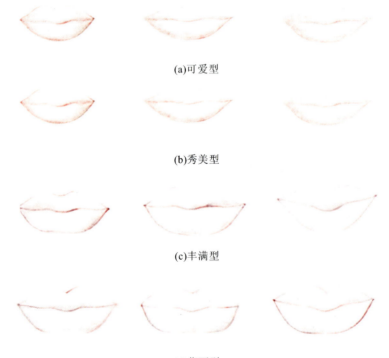

(a)可爱型

(b)秀美型

(c)丰满型

(d)华丽型

图 3-55　常见的几种唇型

(孙晶　陈芳芳)

第四节　各种妆型的化妆技巧

一、日妆

（一）定义

日妆（图 3-56）也称生活妆、淡妆，指用于一般的日常生活和工作的妆容。日妆常出现在日光环境下，化妆时必须在日光光源下进行。日妆的妆色宜清淡典雅，自然协调，尽量不露化妆痕迹。

（二）日妆的化妆步骤及技巧

（1）洁面：用洗面奶、清水将面部彻底清洁干净。

（2）爽肤：日光下较易脱妆，妆前必须选用收敛性的爽肤水。

（3）妆前乳：宜选用乳液，含油量不宜太大，可选用水溶性乳液。

（4）隔离：使用隔离霜既可以调整肤色，又可以隔离外界污染，保护皮肤。根据颜色互补原理，偏黄肤色可以用紫色隔离；偏红肤色可以用绿色隔离。

（5）粉底：肤质好的人可选用粉底液，用量宜少、宜薄；有严重斑点的部位和高光部位可多涂抹两次，皮肤较干或有严重斑点的皮肤应使用粉底霜。

（6）定妆：用粉刷蘸取少量散粉或用粉饼在全脸薄薄定妆，尤其是脸颊和眼部。

图 3-56　日妆

（7）眼影：眼部轮廓好的人可用单色眼影晕染。浅褐色、灰红色、淡紫色、珍珠色等中性色调尤为理想。用眼影刷蘸取少量眼影色，从上眼睑睫毛根部采取上浅下深晕染法进行晕染。

（8）眼线：睫毛浓密的人可不画眼线，睫毛条件差的人可选上色自然的眼线笔，不宜用眼线膏。主要勾勒上眼线，然后用眉刷蘸深色眼影做晕染，使眼线产生睫毛的浓密感和朦胧感。

（9）睫毛：睫毛条件好的人，可用无色睫毛膏刷一遍；睫毛条件差的人，先用睫毛夹把睫毛夹弯上翘，然后刷 2~3 遍增长加密睫毛膏，可增强眼睛的立体感和魅力。注意真假睫毛要贴合，切忌真假睫毛分离。

（10）眉毛：眉毛条件好的人，只需用眉刷蘸取少量深色眉粉刷顺眉毛；眉毛条件差者，缺失的部分要用眉笔按照眉毛的生长方向勾勒出眉形，再用眉刷晕染，注意眉头颜色最浅，其次是眉尾，眉底和眉峰颜色最深。

（11）腮红：脸形和肤色好的人可以不刷胭脂，需要刷时可用腮红刷蘸取少量浅红色胭脂，切忌过多晕染，应给人自然、似有似无的感觉。

（12）口红：颜色不宜鲜艳，尽量接近唇色，可选用粉质无光的口红，画出唇形后，用唇刷蘸单色口红晕染,或涂上少量浅色唇油。

(13) 修容:用蜜粉扫蘸少量深色修容粉刷在外轮廓处,注意均匀而不露边缘线。然后用少量浅色修容粉刷在高光处进行提亮。

二、新娘妆

(一) 定义

婚礼是生活中的一种重要仪式,备受人们的重视。因为地域文化的差异,婚礼的形式有所不同,新娘的容貌、气质也会各有特色,礼服选择也会因人而异。因此,新娘妆没有统一的标准,需要根据婚礼形式、新人形象以及搭配的礼服等来确定新娘妆的整体风格和色彩运用。例如,中式婚礼与西式婚礼的新娘妆就会有所区别。中式婚礼相对传统,新娘妆要求以暖色为主,显示喜庆;西式婚礼相对圣洁,新娘妆则要求色调淡雅,显示纯洁(图3-57)。

图 3-57　新娘妆

(二) 新娘妆的化妆步骤及技巧

(1) 洁面:用洗面奶、清水将面部彻底清洁干净。

(2) 爽肤:为防止脱妆,妆前必须选用收敛性的爽肤水。

(3) 妆前乳:夏季可以选择控油的护肤品,防止肌肤出油光,使彩妆脱妆机会减少。

(4) 隔离:使用隔离霜既可以调整肤色,又可以隔离外界污染,保护皮肤。根据颜色互补原理,偏黄肤色可以用紫色隔离;偏红肤色可以用绿色隔离。

(5) 粉底:要根据新娘的肤色和肤质选择合适的粉底,以薄透自然为主,注重持久度,打粉底用拍、压、按的方法,使粉底与皮肤融为一体。

(6) 定妆:用透明蜜粉遮盖粉底的油光,扑粉要均匀周到,并用粉刷弹去浮粉。

(7) 眼影:眼影色与服装色保持和谐,以简洁为宜,常用眼影配色组合为:珊瑚红色、棕色、粉白色组合彰显妩媚喜庆,橙红色、棕色、米白色组合彰显青春快乐,桃红色、浅蓝色、粉白色组合彰显娇美雅柔。

(8) 眼线:上眼线弧度适当加大,略粗,显示圆润造型,下眼线从外眼角向内眼角画到三分之二的部位。

(9) 睫毛:先用睫毛夹夹卷睫毛,再采用防水加长的睫毛膏涂染,选择自然型假睫毛,根据脸形修剪、调整假睫毛,使真假睫毛紧密贴合,既达到长而浓密的效果,又保持自然、纯洁的感觉。

(10) 眉毛:用眉刷蘸取深咖色眉粉涂刷出基本形状,再用深啡色眉笔顺眉毛生长方向描画眉形,并用眉刷将颜色晕开,眉色不宜过于浓艳。

(11) 腮红:宜选择明亮的玫瑰红色、粉红色、橙红色腮红晕染,色调过渡要柔和、自然,从而呈现出新娘的甜美。

(12) 口红:唇彩要选择亮色系,如玫瑰红色、珊瑚红色、朱红色、粉红色或桃红色等,且色彩要与腮红和眼影相协调。

（13）修容：要有一定的立体感，根据脸形和鼻形的需要用双修笔的深咖部分描画鼻侧影，色彩晕染要过渡自然，用双修笔的象牙色部分提亮鼻梁及眼眶周围。

三、晚宴妆

（一）定义

晚宴妆（图 3-58）是指适用于气氛较隆重的晚会、宴会等高雅社交场合的妆容。可依据服装的不同颜色和款式进行设计，显示女性的高雅、妩媚与个性魅力。由于环境灯光，妆面色彩比一般日妆、新娘妆要浓一些，要求色彩对比强烈，搭配丰富，并与服饰、发型协调一致。

（二）晚宴妆的化妆步骤及技巧

（1）洁面：用洗面奶、清水将面部彻底清洁干净。

（2）爽肤：为防止脱妆，妆前必须选用收敛性的爽肤水。

（3）妆前乳：先在面部和颈部涂一层滋润霜，以便发挥粉底的妆效。

（4）隔离：使用隔离霜既可以调整肤色，又可以隔离外界污染，保护皮肤。根据颜色互补原理，偏黄肤色可以用紫色隔离；偏红肤色可以用绿色隔离。

（5）粉底：粉底的颜色一定要比自己的肤色深，如果眼下的皮肤很黑，应在涂抹粉底前涂上遮瑕霜。

（6）定妆：用透明蜜粉遮盖粉底的油光，扑粉要均匀，并用粉刷弹去浮粉。

图 3-58　晚宴妆

（7）眼影：在上眼睑部位涂上深色眼影，并用眼影在眉骨与上眼睑之间涂出分界线，再用淡色和彩色眼影，使眉骨部的色彩亮丽起来。

（8）眼线：上、下眼睑均需画眼线，颜色要深，可用黑色眼线膏，在夜间更能衬托出眼睛的明亮和深邃。

（9）睫毛：分次涂上睫毛膏。涂完第一层睫毛膏后，用眉毛刷梳开睫毛，并除去多余的睫毛膏，再用透明的蜜粉，刷在睫毛上，可以固定睫毛膏，然后再涂上第二层睫毛膏。

（10）眉毛：先将眉笔用眉刷勾勒出眉形，再用高光笔在眉形边缘扫过，使眉形更加立体。

（11）腮红：在颧骨凸出处，涂上浅色的虹彩光的胭脂；在颧骨凹陷处，涂上深色的不泛光的胭脂。为了在夜间显得更有光泽，还可以在颧骨凸出处原来涂有的浅色虹彩胭脂上面，再加一层白金色的眼影，使其增加亮度。

（12）口红：唇彩应选择鲜亮的颜色，涂完唇部后，将珍珠色或金色唇膏涂在嘴唇上，使嘴唇显得更艳丽。

（13）修容：用双修笔的深色部分在鼻子、颧骨和下颌处，做最后的轮廓描绘；用双修笔的象牙色部分修饰双颊的顶端、鼻梁和下巴。最后用虹彩透明的蜜粉定妆，再用粉刷整理。

四、男性化妆

(一) 定义

女士化妆是为了显示她们的娇俏艳丽,会较多地使用色彩亮丽的胭脂、唇膏、眼影等。男士化妆则大不相同,由于男性的肤质较粗糙,汗斑、痘痕会影响面容,因而化妆是为了"掩饰"。男士的妆容讲求自然顺眼,与其原本的肤色匹配,而且要不露痕迹,千万别化成"小白脸"。为达到自然、阳刚的化妆效果,男士化妆的技巧比女士更讲究、更细致。女士的妆化得浓一点不至于有反效果,但男士稍微化得有偏差就会弄巧成拙,破坏形象。

(二) 男士化妆的化妆步骤及技巧

(1) 洁面:除常规的洁肤外,胡须的洁净是关键,要求彻底清洁或剃除。如有蓄须的习惯,除了留出适合自己脸形的胡须造型之外,需要始终保持清洁、干爽。

(2) 爽肤:为防止脱妆,妆前必须选用收敛性的爽肤水。

(3) 妆前乳:先在面部和颈部涂一层滋润霜,以便发挥粉底的化妆效果。

(4) 隔离:男性肌肤油脂腺分泌通常都比较旺盛,所以首选控油功效的隔离霜,也可以增加妆容的持久度。

(5) 遮瑕:男士的妆面不讲求无暇感,主要针对眼周的黑眼圈进行遮瑕,大多使用浅色干粉提亮或补平,从视觉上弱化凸出的眼袋。

(6) 粉底:如果本身肤色均匀,肤质尚可的话,可以省略上粉底的步骤,既避免了大油皮肤带来的脱妆尴尬,还更显自然。如果肤色不均匀且肤质欠佳的,通常要选与自己肤色相近或稍深的,比较多的人会选棕色系。另外,干性皮肤的人最好选用粉底液,皮肤较油的人则应选用中性的干粉。多采用敲和印的手法,只要薄薄的一层就好,别像女士那样"浓妆艳抹"。

(7) 定妆:散粉最好省去,否则会显得修饰性太强。

(8) 眼影:一般也可以省略,如需修饰眼形,可用咖啡色在上眼睑进行晕染,范围不宜过大,以自然为主。

(9) 眼线:在睡眠不足导致眼睛疲惫时可以用咖啡色的眼线笔勾画一下就能起到"提神"、"明目"的作用。尽量要贴近睫毛根部,眼线不要画得太满,最好在眼头及眼尾都留出一些,这样会更有有妆似无妆的自然效果。

(10) 睫毛:如果本身睫毛浓密的话,可不用再做修饰。

(11) 眉毛:男生的眉毛大多比较浓密,画眉时多采用补的手法,让眉毛看起来均匀平整。修眉时不要太多修改原有的眉形,在清理多余的杂毛后,只要用眉笔顺着原有的形状加深眉色即可。不建议使用纯黑色的眉笔,会显得过于生硬,炭灰色最自然。

(12) 腮红:一般不需要。

(13) 口红:男士化妆不能画唇线,如果唇色不好的可以涂自然肉色的哑光润唇膏,切忌太红润和有亮度。嘴唇干裂要先涂一层润唇膏。如果嘴唇太干、脱皮严重的话,可涂抹少许无色的润唇膏。

(14) 修容:男士面部轮廓大多比较立体,可不做特别修容。如果需要面对镜头,可以适当使用光影粉,在鼻梁、双颊外侧扫上光影或阴影,可以加深脸部轮廓(图3-59)。

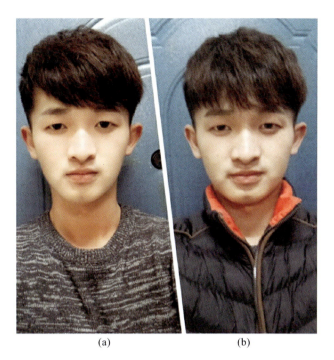

图 3-59 男士化妆

(方丽霖)

第四章 发 型

第一节 头发的护理

人们在体质、遗传、生活环境及饮食结构等方面存在差异,因而头发的性质状态不同。

一、发质分类及其特点

(一) 以油脂分泌的多少来分类

(1) 油性发质:油脂分泌过多,发油腻,易粘灰尘,易脏,造型难度大。

(2) 干性发质:油脂、水分分泌不足,无光泽,弹性下降,无柔滑感,枯黄、易打结、起屑、断裂、分叉,不易梳理。

(3) 中性发质:油脂分泌量适中,自然光泽,润滑柔顺,表面看起来有韧性,造型后不易变形。

(4) 混合性发质:发根部多油,发梢缺油而干燥(根部不易上卷,梢部易上卷)。

(二) 据实际操作实践来分类

(1) 绵发:弹性不足,比较细软,缺少硬度,不易固定发型。

(2) 钢发:质地硬、粗、直,生长稠密,含水量大,弹性强,较难做发型,一旦成型,易稳定,适合烫大花、做蓬松、有波浪感的发型。最适合超短、超长的发型。

(3) 油发:表面油脂多,弹性强,抵抗力强,由于含水量不足,有时弹性不稳定,造型较难,主张烫花、大花、大波浪,不宜留长发。

(4) 沙发:发梢发干,缺油脂,含水量不足,易干燥蓬松,易造型。

(5) 自然卷发:弯曲丛生,软如羊毛,易上卷,但不持久。

(6) 受损发:经常化学染烫造成的,发质无弹性,发梢易分叉,尽量把受损部分剪掉。

二、头发的护理原则

头发能出色地表现人们的气息和自我形象,谁都希望自己的头发亮丽动人,为了追求更美丽动人的头发,人们总是花很多的时间和金钱在洗发、护发上,以显示个人的独特风貌。人们都知道拥有一头秀发能很好地发挥自己的外在形象美,但往往忽视了头发的正确护理,保养好头发可以采取以下措施。

(一) 保持清洁,合理洗涤

头发的清洁直接影响人体外在的形象美。如果长时间地不洗头发,头皮积垢,也会损伤头发生长的机能,造成头发枯燥变黄,分叉损折,甚至脱落,给人们的精神和生活带来烦恼、恐慌。一般洗发时要正确选择适合自己发质的洗发剂,以每周 2~3 次为宜,水温最好接近体温,即 37~38 ℃。另外,一定要用清水冲净洗发剂,还要注意,最好不要用吹风筒吹干头发,宜自然待干。

(二) 勤梳理

发为血之余,常梳理头发有利于疏通气血,有利于保持头发健康状态,同时能去除污垢。一般可选牛角梳,齿疏且圆顿的比较好。

(三) 定期做发丝护理

定期做发丝护理可以改善头发健康状态,一般可选用护发素、焗油膏等。

使用护发素是要收紧毛鳞片,防止皮层水分流失,改善因过度染烫引起的头发干枯、弹性差的发质。以一周 2~3 次为宜。

焗油可以补充头发的营养,给秀发强力保湿效果,恢复头发活性和弹性。一周一次比较合适,否则可能反而营养过剩,导致头皮较黏腻。

(四) 合理膳食

要注重饮食结构合理,要注意营养的搭配,要常吃富含蛋白质的食物,少食咖啡、烟酒等刺激性食品。

(张效莉)

第二节 发型设计的方法

一、发型设计的方法

总体上来讲,发型设计有以下三种处理方法。

1. 遮盖法

设计中出于扬长避短的目的,可以用遮盖法遮挡有缺陷的部分,从而来弥补脸形的不足。例如用齐刘海来遮盖长脸形的前额,缩短上庭,改善长脸形的视觉感。

2. 衬托法

衬托法主要是将额前和两侧头发有意梳得蓬松或紧贴来改善脸形的不足之处。例如脖颈过长的人,可以选择中长而又蓬松的头发来衬托,以分散人们对脖颈的注意力。

3. 填充法

借助头发或某些装饰来弥补头型和脸形的缺陷。例如将后部头发梳理蓬松,梳个发髻或加发夹之类的装饰物来填充后脑部的平凹。

当然,三种方法相辅相成,在运用中要结合实际情况,多方考虑脸形、头型与体型,还要结合年龄、职业、性格、爱好等多方面的因素。

二、发型与体型

发型与体型有密切关系,发型得当可以在一定程度上弥补人们体型上的缺陷,反之可能会使原本不太明显的体型缺陷夸张化,例如身材矮小的人,留长发会使身体显得更矮。所以在设计发型过程中一定要考虑体型要素,使整体上达到和谐的视觉效果。

1. 高瘦体型

高瘦体型是指体型窄长、看起来单薄、不圆润,缺乏健康的活力的感觉。因而设计发型时切忌将头发梳得紧贴头,要注意增加发量,让发型生动饱满,但又不能将头发搞得过分蓬松,造成头重脚轻的感觉。一般来说,高瘦身材的人比较适宜于留长发、直发,或适当给予装饰,来增加青春感,应避免将头发削剪得太短薄,或高盘于头顶上。

2. 矮胖体型

矮胖者一般脖子较短,身材体积大,横、竖比例接近,整体上感觉健康敦实,缺少灵秀之感,所以发型设计宜选择显现健康特点的活力四射的运动式有层次感的短发发型,也可选择尽量拉长高度的发型。同时不宜留披肩长发,否则会让脖子显得更短,给人以压抑感。另外,因为肥胖者体型比较宽厚,所以头发要避免过于蓬松或过宽。

3. 高大体型

高大体型是大多男性的体质特征,给人一种力量和阳刚之美,但对于女性来讲就缺乏柔美的感觉,所以此种体型的女性应适当减弱这种高大的力量感,发式上应选择以大方、简洁为特点的修长直发为宜,或者是大波浪卷发,但不要太蓬松。也可以选择轻快自然的短发或中卷波浪短发,塑造女性优雅的曲线美。

4. 矮小体型

身材矮小的人给人一种玲珑清秀的感觉,在发型选择上要与此特点相呼应。发型应以秀气、精致为主,避免粗犷、蓬松,否则整体感觉失衡,也会产生头重脚轻的错视觉。身材矮小者不适宜留长发,可以选择中长曲发束发或扣边短发,烫发时应将花式、块面做得小巧、精致一些。此种体型的人也可以选择高盘发来增加身体的高度。

5. 大头体型

大头体型是指头的比例在体型中偏大,腿比较瘦而短,给人压抑、头重脚轻、不沉稳的感觉。这种体型应避免长发、蓬松卷发、高束发、高盘发,否则会增加头部负担,加重了上重下轻之感。可以选择造型简洁、发式收敛的直发、短发来协调不稳定的体型。

6. 小头体型

小头体型与大头体型相反,整体印象上轻下重,看起来敦实,感觉不灵活。为平衡这种体型,宜选择扩大小头的蓬松张扬的卷发,最好用长发型、中长发型,避免服帖的短发。

7. 肩宽的体型

肩宽的女生给人感觉不秀气,比较魁梧,所以在发型上一定要给以掩饰,去表现女性的柔美。建议这种体型的人要留过肩长发,卷发也是不错的选择。切记不要把整个肩部都显露出来,所以短发或清爽的高马尾就不适合。

8. 肩窄的体型

肩窄的人一般都有溜肩,所以这种体型的人也不要完全暴露肩部,适合选柔和的、飘逸的卷发发型。

9. 颈长的体型

脖子长的人看起来高挺,比较容易选择发型。但更适合披肩发,若束发则不要把头发梳得过高。短发发型时注意不要过于单调,应适当卷曲来修饰过于突兀的脖子。当然在服饰上也可用带花边的立领或搭配短款真丝围巾或项链来装饰。

10. 颈短的体型

脖子短的人要尽量把脖子露出来,所以不宜留披肩长发,可以束发或选择短发,或者将头发扎成一个高高的花苞发型,既可以拉长脸部长度,也可以充分露出颈部,总之,颈短的人不要把头发堆在颈部就好。

三、发型与脸形

脸形的矫正不仅需要化妆来完成,更要靠发型的修饰来弥补。发型的设计也主要考虑脸形的特点,在应用过程中扬长避短,设计出整体和谐之美感。

人的脸形一般可分为椭圆形、圆形、长方形、正方形、正三角形、倒三角形、菱形。下面我们就分别介绍不同脸形的发型搭配技巧,从而改变形象,提升气质美感。

1. 椭圆形脸

椭圆形是东方女性最理想的脸形,是一种比较标准的脸形,好多的发型均可以适合,并能达到很和谐的效果。若选择中分、左右均衡的发型,则能体现娴静、端庄的美感。若选择披肩直发,则更有飘逸之感,能表现女性简单又活泼的个性。虽然这种脸形的发型设计空间较大,但要注意与发型设计的其他因素结合起来,例如场合、职业特点等。(图 4-1)

2. 圆形脸

圆形脸给人以甜美可爱的感觉,通常小孩多见,所以又称娃娃脸。这种娃娃脸不乏带着一股孩子腔,看起来稚嫩、不成熟。同时因为这种脸形的长和宽几乎相等,所以显得个子矮,头比较大,显胖。

圆形脸的人适合选择抬高头顶,收紧两侧的发型。短发造型则可以是不对称或是对称式,留一侧刘海,留长发的话,宜用中间分缝,使头发偏向两侧下来,使圆形脸的人具有成熟的印象。两侧避免烫、

图 4-1 椭圆形脸标准发型

吹等蓬松的发型,要直而少,在视觉效果上减少脸的圆度(图 4-2、图 4-3)。

3. 长方形脸

长方形脸的特点是前额较宽,下巴、鼻型偏长,两侧脸颊偏窄,整体看起来脸形瘦长。长方形脸通常带有棱角,缺少曲线感,看起来生硬、不柔和。

长方形脸发型应避免把脸部全部露出,也不宜留长直发。适合压低头顶,扩张两侧的发型。可以用齐刘海来遮盖过宽的额头。头缝不可中分,尽量使两边头发有蓬松感,加重脸形横向感,使脸形看上去圆一些。头发在头顶不能高,不要增加脸的长度。不要留平直、中间分缝的头发,也不要把头发剪得太短,头发可以长至耳根,也可留长发,但前额处一定要修剪刘海,提高眼睛的位置。另外,此种脸形的人应避免盘发、束发和垂直发(图 4-4、图 4-5)。

4. 正方形脸

正方形脸又称国字脸,特点是前额、两侧下颌较宽,且四棱角明显。男性正方形脸给人以阳刚之美,而女性正方形脸则给人以方正、木讷、生硬的感觉,缺乏女性的柔美。因此,正方形脸发型宜遮住四周的棱角且宜多用卷曲的发型来矫正。正方形脸前额不宜留齐整的刘海,可

图 4-2 圆形脸标准发型

图 4-3 圆形脸禁忌发型

图 4-4 长方形脸标准发型

图 4-5 长方形脸禁忌发型

以用碎发或斜刘海掩饰正方形轮廓;前额可以用不对称的刘海破掉宽直的前额边缘线,也适宜柔和的卷曲发型,轮廓应蓬松些,以发型的曲线来缓解生硬的感觉。正方形脸发式以长发、卷发为佳,最忌讳留短发尤其是超短型的运动头。如果个子矮小不宜留长发的,选择齐肩短发最好(图 4-6、图 4-7)。

5. 正三角形脸

正三角形脸的特点是上窄下宽,即额头较窄、下巴较宽,这种脸形的人缺少清秀和柔美感。

图 4-6　正方形脸标准发型

图 4-7　正方形脸禁忌发型

正三角形脸的发型设计要平衡上下宽度,可用波浪卷发增加上部分的宽度,也可用头发掩饰较为丰满的下部。所以发型不宜完全露出额头,可用薄薄一层刘海遮住额部,避免暴露额头太窄的缺陷。分缝可采用中分或侧分,不宜留长直发,耳旁以下的发式不应再加重分量,也不宜选择双颊两侧贴紧的发型。梳理时要将耳朵以上部分的发丝蓬松起来,这样能增加额部的宽度,从而使两腮的宽度相应的减弱。下颌角可用内敛的发卷进行遮掩,塑造上松下紧的造型(图 4-8、图 4-9)。

图 4-8　正三角形脸标准发型

图 4-9　正三角形脸禁忌发型

6. 倒三角形脸

倒三角形脸的特点是上宽下窄,即前额横向较宽,且一般略带棱角,下巴较尖窄。这种脸形给人感觉不温润,给人严肃的印象。

造型重点也是要注意额头及下巴,可用短而斜分的刘海遮住上额,头发长度超过下巴 2 cm 为宜,并向内卷曲,增加下巴的宽度。顶部造型厚度宽窄要合适,避免加强上宽下窄的感觉,可以选择侧分头缝的不对称发式,这样可以使头顶和下巴的过渡更柔和一些。另外,这样的脸形不适合选择直的短发和长发等自然款式(图 4-10、图 4-11)。

图 4-10 倒三角形脸标准发型

图 4-11 倒三角形脸禁忌发型

7. 菱形脸

菱形脸的特征是颧骨较高而突出,额头和下巴较窄。这种脸形的人看起来比较立体,但给人印象刚毅、僵硬。

菱形脸的发型设计重点是修饰颧骨,可以利用较长的前发来修饰,避免在发型中修出纵长的线条或者直线条,最好是在侧面烫出发卷或波浪来缓解硬朗的线条。比较适合留长发或做多层次修剪的发型(图 4-12、图 4-13)。

四、发型与职业

发型设计除考虑到头型、脸形、五官及身材以外,还必须要注意到顾客的职业特点,发型设计要根据职业的需要,力求做到最大限度适合环境需要,设计完美的发型。

(1)工作状态下必须戴安全帽的人员:发型不要做得太复杂,应尽量剪成短发造型,即便是长发也最好是束发,尽量把头发收进帽子里,以保障安全性(图 4-14、图 4-15)。

(2)运动员:由于运动员的职业特点,发型可做成轻松而活泼的短发直发或曲发型,易于打理并节约时间(图 4-16、图 4-17)。

(3)教师、企事业机关人员:由于传统的职业特点,这类人群发型宜简洁、明快、大方、朴素,长发、短发均可,但造型不可过于浮夸,要表现出知性、文雅的感觉(图 4-18、图 4-19)。

图 4-12　菱形脸标准发型

图 4-13　菱形脸禁忌发型

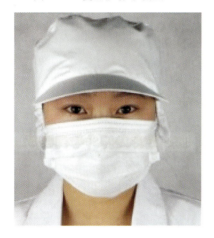

图 4-14　食品加工人员的发型

图 4-15　空乘人员的发型

图 4-16　运动员短发发型

图 4-17　运动员束发发型

图 4-18　机关人员盘发发型

图 4-19　机关人员中长卷发发型

（4）忙于社会交际的文秘、公关人员：这类顾客社会活动较多，不同场合下要多变化发型，所以建议这类人群头发最好留长一些，以便能经常变换发型（图 4-20、图 4-21）。

图 4-20　公关人员长发卷发

图 4-21　公关人员盘发

（5）影视界人员：发型可以做得夸张一点，具有前瞻性和创意性，又要符合时代特点（图 4-22、图 4-23）。

五、发型场合

发型的设计还要考虑到场合。不同的场合中人的心境是不同的，整体造型中发型也要随场合的变化而变化。

（1）在节假日参加庆祝活动，出席婚礼、舞会或宴会时，可以用盘发造型表示喜庆、端庄

图 4-22 影视界人员创意发型一

图 4-23 影视界人员创意发型二

和高雅。在这些场合，发型手法可以选择多样化，还可以加些首饰，如戴上耳环、项链、漂亮的头饰等，再搭配时尚得体的服装，不但可以烘托喜庆的气氛，同时也给人以美的享受（图4-24）。

（2）旅游度假：外出游玩，属于休闲场合，发型要简单易于梳理，可以选取束发、简单盘发造型，总之不要过于拘泥，利于活动就好（图4-25）。

（3）上班族：上班族要有时间的限制，发型不能过于复杂，要简洁、整齐、明快、大方的发型，过于复杂的发型，自然会更漂亮一些，但毕竟梳理要花费不少时间（图4-26）。

图 4-24 高雅盘发

图 4-25 休闲长发

图 4-26 简洁短发

（张效莉）

第三节 盘发技巧

一、盘发工具

盘发是一门比较复杂的工艺,必须有一套工具。常用的盘发工具主要有以下几种。

(1) 铁卡、钢卡:用来固定头发。铁卡比较柔软,用于发量少的头发固定;钢卡硬度较好,用于发量多的头发固定(图4-27)。

图 4-27 铁卡

(2) U形发夹:常用来固定较多、较高、较厚的头发和连接一些底部较蓬松的头发,使造型更完美饱满,起到装饰的作用(图4-28)。

(3) 螺旋夹:盘发时使头发更牢固,装饰头发(图4-29)。

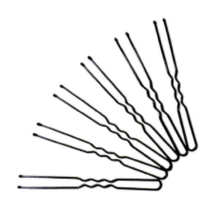

图 4-28 U形发夹

图 4-29 螺旋头

(4) 鸭嘴夹:用于固定发区和暂时固定波纹头发(图4-30)。

(5) 尖尾梳(或削梳):主要用于分区、梳理发片和倒梳头发(图4-31)。

(6) 大齿梳:用来梳理大面积头发和制造明朗粗犷的线条纹理(图4-32)。

(7) 包发梳(或S梳):主要用于梳理头发表面纹理,或倒梳后梳顺头发的表面(图4-33)。

图 4-30　鸭嘴夹

图 4-31　尖尾梳

图 4-32　大齿梳

图 4-33　包发梳

（8）直板夹：用于将头发拉直或做出自然外翘、内扣效果（图 4-34）。

（9）波板夹：用于将头发做成玉米须的效果，适用于发量稀少、发质细软的头发，易于造型（图 4-35）。

（10）电卷棒：用于使头发有弯曲的纹理，增加动感。电卷棒根据粗细不同分 6 种型号，可根据所需要的卷的大小进行选择。一般卷的方向以头发的弧度打造，通常按照 45°～90°，要求温度控制在 170～200 ℃，这样能减少对头发的伤害（图 4-36）。

①内扣：给人的感觉是传统内敛、中规中矩。

②外翻：给人的感觉是活泼开放，通常卷出来的纹理不是特别分明，有一种随意的时尚美。

③内外翻：混乱的内外翻没有一定的规律，更具有时尚感。

图 4-34　直板夹

图 4-35　波板夹

图 4-36　电卷棒

（11）发胶：用于固定头发，使头发连接在一起，持久保持发型（图 4-37、图 4-38）。

二、发型分区

造型前要确定好发型分区，这样才能让造型更接近所需，达到理想状态。当然，也不必拘泥于区分的原则，在造型过程中可按需要进行分配扎束。

图 4-37　气雾状发胶

图 4-38　固状发胶

发型中的分区比较广泛,细节繁多,在这里只简单介绍最常用的分区法(图4-39)。

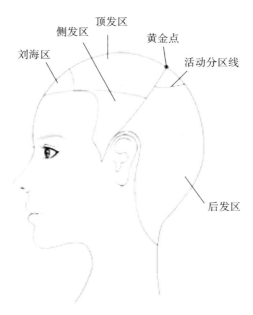

图 4-39　发型分区

(1)刘海区(从额头的前发际线起向下四个手指左右的宽度):用于遮盖前额的缺点及调整脸形的长短,刘海区分法多样化,可五五分、三七分、二八分等等,形状多为三角形或弧形。

(2)侧发区(以两侧耳朵顶点为起点向上直线通至顶发区即可):侧发区的头发可以修饰发型的饱满度,也可用于弥补头部和脸形宽窄、胖瘦。

(3)顶发区:也叫黄金区、U形区,用于修饰整体造型的美观,是盘发的焦点,可以增加造型的高度,它是与其他四区相混合的整体。

(4)后发区:剩下的头发属于后发区,主要用来修饰枕骨部位的饱满度,也可用来修饰肩颈部位。

三、盘发的基本技法

发型变化千万种,但万变不离其宗,各种发型的塑造都离不开下面介绍的几种基本技法。造型师只有掌握了基本技法,才可以根据需要打造完美形象。

1. 倒梳

倒梳，言外之意就是倒着梳发，一般是按需要取一发片，左手捏发片向上拉直，右手执梳，定好所需间距，垂直插入发片，注意尖尾梳不要全部穿透发片的横截面。梳齿呈斜挑方式向发根方向梳发，使头发内层连接，但这样的发片比较毛糙，不美观，所以最好在这个区域的发片都倒梳后，表面一层做梳光处理（图 4-40）。

倒梳的目的如下。

（1）增加发量，产生膨胀感。

（2）固定发根，改变头发方向。

（3）方便操作发片纹路，便于下夹固定。

(a)取发片

(b)倒梳

(c)倒梳效果图

图 4-40　倒梳

2. 编发

编发造型有多种变化，这里只简单介绍最常用的几款编发技法。

（1）正三股辫：一压二、三压一（图 4-41）。

（2）反三股辫：二压一、一压三（图 4-42）。

图 4-41　正三股辫

图 4-42　反三股辫

(3) 四股辫：二压一、一压三、四压一（图 4-43）。

(a)分发

(b)效果图

图 4-43 四股辫

（4）单边加发：分出三股头发，如正编三股辫一样相互叠加，其中两股头发正常编发，剩余一股在编发的过程中带入新发片，在编发的过程中要不断调整辫子的松紧度（图 4-44）。

（5）双边加发：分出三股头发，如正编三股辫一样相互叠加，其中两股头发带入新发片，剩余一股头发不带入新发片，在相互叠加的过程中保持头发松紧度一致（图 4-45）。

图 4-44 单边加发

图 4-45 双边加发

3. 扭发

一般为两股扭发，即分出两股头发，第一股向下带，第二股向上带，形成两股扭辫（图 4-46）。

4. 卷筒

卷筒是发型制作中经常用到的手法，尤其在盘发造型中运用得非常广泛。

按所需要的形状提拉发片，倒梳后梳顺发片表面，把发片卷在左手食指上，以左右手食指作轴心（根据所需要的卷筒大小，定出左右手指互相的距离。）从发尾卷至根部固定。适用于长直发，操作时发片要拉直，控制卷筒的宽度和方向，塑造不同的效果。卷发有直卷筒发（图 4-47）和斜卷筒发（图 4-48）。

图 4-46　扭发

图 4-47　单卷直卷筒发

图 4-48　多卷斜卷筒发

5. 包发

包发主要用于造型的后发区,现在的很多造型只是在基本包发样式的基础上加以变化,形成了新的表现形式,基本技术点是一样的。包发包括单包与双包两种。一般枕骨较平的适合做单包,枕骨较凸的适合做双包。

(1) 单包:取后发区的头发,将后发区梳成锥形,以发梳尖尾为轴扭转头发,然后用夹子固定,最后喷发胶定型(图 4-49)。

(2) 双包:将后发区的头发分成两个区,将一侧头发倒梳并梳光表面,然后向另一侧扭转并固定,将另一侧头发倒梳并向相反的方向扭转并固定(图 4-50)。

图 4-49 单包

图 4-50 双包

四、发型欣赏

(1) 各式新娘盘发如图 4-51 所示。

(a) (b) (c) (d)

图 4-51 各式新娘盘发

(2) 各式晚宴盘发如图 4-52 所示。

(3) 各式舞台创意盘发如图 4-53 所示。

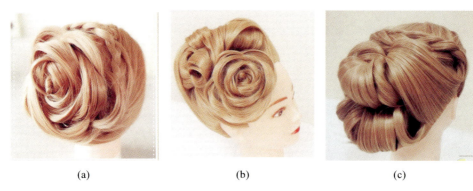

(a)   (b)   (c)

图 4-52 各式晚宴盘发

(a)   (b)

图 4-53 各式舞台创意盘发

（张效莉）

第五章 服饰的设计

第一节 服饰设计的概述

中国自古以来就有"衣冠礼仪之邦"的美称,人类的服饰艺术文化和人类的历史一样悠久。服饰是对人们穿戴的总称。服饰是面料材质与人体的结合,服饰的款式、面料、色彩是服饰设计的三要素。

一、服饰的设计

服饰主要分为"服"和"饰"两个部分。"服"主要指的是织物,如上衣、裤子等,"饰"主要指的是围巾、包袋、鞋、袜等。服饰的概念是穿着者身上由内到外、由上而下的服装和与之相配套的饰品。

二、服装的分类

（一）根据服装的用途分类

根据服装的用途可将其分为日常穿着的内衣和外衣两大类。内衣主要是紧贴人体,起保护身体、保暖、塑体型的作用,外衣主要根据穿着场合的不同有不同的分类。根据TPO原则,选择服装要根据时间(time)、地点(place)、目的(object)。服装大致分为如下几类:①礼服:宴礼服装、婚礼服装、丧礼服装。②家庭服:家居服装、劳作服装。③休闲服:体育运动服装、旅游服装、校园服装。④职业服:警服、医务工作者服装、军人服装等。

（二）根据服装的面料与制作工艺分类

根据服装的面料与制作工艺可将其分为西装、牛仔服装、毛皮服装、呢绒服装、丝绸服装、全棉服装、针织服装、羽绒服等。

（三）根据着装者年龄大小分类

不同年龄阶段的人具有不同的体态特征。因而不同的年龄阶段有着不同款式、面料、色彩的服装,如婴儿装、儿童装、青少年装、成人装、老年装等。

（四）根据性别分类

不同性别的人生理结构不同,扮演不同的社会角色,根据性别可将服装分为男装、女装、中性服装。

（五）根据民族分类

不同的民族长期以来不同的生活环境、信仰、习惯形成了不同的民族服装,如汉服、和服、韩服、印第安服装等。

（六）根据服装的搭配组合分类

(1) 套装：上衣与下衣分开的衣着形式，有两件套、三件套、四件套。
(2) 整件装：上下两部分是一个整体的服装，如连衣裙、连体裤。
(3) 裙装：遮盖下半身的服装，有百褶裙、一步裙、裤裙等。
(4) 裤装：从腰部往下到臀部后分为两只裤腿的服装样式，活动方便，有长裤、九分裤、七分裤、中裤、短裤、热裤等。
(5) 背心类：上半身穿着的无袖类服装，整体款式较为贴身。

三、服饰的形式美学

形式美，指的是在我们在日常生活中、大自然中各种形式因素（线条、形体、色彩、声音等）组合的规律。服饰的形式美法则是贯穿在形象设计当中的法则，服饰的形式美是我们研究服饰的关键，可以有效地帮助我们进行合理的造型设计，所以我们需要了解服饰当中的形式美法则。形式美法则主要有比例与尺度、对称与均衡、节奏与韵律、对比与调和、衬托与呼应等。

（一）比例与尺度法则

(1) 服饰造型中的比例是指全身与身体部分、部分与部分、服装与身体之间的比例关系或数量关系。服饰造型当中存在的比例与尺度的关系主要体现如下。

①服饰整体造型与人体的比例关系：身高与衣长、肩宽与衣长、服装中腰线分割的上身与下身的比例等。

②服饰配件与人体比例的关系：帽子、包袋、围巾、手套、首饰、手套、鞋袜的形状、尺度与人体比例的关系。

③服饰色彩在服饰造型中的搭配比例：不同色块的面积、位置、排列、组合。

(2) 在我们说的人体比例中，常见的人体比例法常见的三种分别是黄金分割法、八头身比例法、百分比法。

①黄金分割法：黄金分割法是把人体分为大小两部分，较大的部分为1，较小的部分为0.618，这样人体总高度比值为1.618。这个比例的分界线正好位于肚脐位置附近。如《米诺的维纳斯》雕像作品中的维纳斯人体比例完全符合这个比例法，从她的头顶到肚脐，肚脐到脚底比例为0.618∶1，身高的总比值为1.618（图5-1）。

②八头身比例法：早在公元前4世纪就有一位叫作Lisippos的雕塑家创立了八头身比例法。以人体中的头部作为基准，将头高设置为1，求头高与身高的比例指数，简称"头身比"。米开朗琪罗的雕塑作品《大卫》（图5-2）中的男子体格雄伟健美，神态勇敢坚强，身体、脸部的肌肉紧张而饱满，塑像具有内在的紧张感与动感，体现着外在的和内在的全部理想化的男性美。大卫的头身比也刚好符合我们理想的八头身比例法。

③百分比法：百分比法多用于自然科学性的研究，如女性头高占身高的12.5%、男性头高占身高的14%、男性肩部比女性肩部宽2.5%、男性臀部比女性臀部窄2%等。

（二）对称与均衡法则

对称是构成形式美的重要组成部分，大自然中处处可见，如蝴蝶的翅膀、对称的树叶、人类的五官等。人类活动中留下的对称痕迹更是随处可见：建筑、生活餐具、日常服装等。对称是一种稳定形式，给人带来稳定、庄严、整齐的秩序感。对称也是我们服饰造型当中最基本的

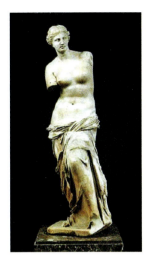

图 5-1　维纳斯全身像

图 5-2　《大卫》雕塑

形式,表现在服饰设计中的大小、形状、色彩、图案等,它们都是完全对称的。校服、军服、警察制服以及其他工作服多采用对称形式。对称如果使用不当,也会让人感觉呆板、生硬。

对称的形式常见的有以下几种。

(1) 轴对称:以一根轴为中心,左右两边的形状完全相同,也称为左右对称、镜面对称。任何的单轴对称的形状、色彩、图案等都是完全相同的。如在服装当中最具代表性的轴对称的服装款式——中山装。中山装以门襟作为对称轴,两侧的上衣口袋距离门襟是对称的,左右两边扣子的位置完全一致,穿着这种单轴对称的服装往往会给人带来稳定、安全、可靠的第一印象(图 5-3)。

(2) 多轴对称:由两根以上的对称轴为基准,分别进行造型因素的对称配置,产生视觉诱发作用。不仅左右对称,同时,上下、对角的位置也是平衡的、明快的。一些服装的装饰图案常为多轴对称(图 5-4)。

图 5-3　中山装

图 5-4　多轴对称礼服

(3) 回转对称:以一点为基准,将造型因素进行相反的对称配置。造型基本形态为"S"

形,又叫旋转对称、点对称。在我们生活中常见的太极图、花朵、海星、电风扇的叶片等都是回转对称。回转对称的视觉效果为在视觉上突破过于呆板的格局,在平稳中有变化。在服饰设计中,我们常会发现一些礼服上的褶皱运用的就是回转对称的设计方式。服饰造型当中的均衡指服饰设计左右不对称但是却有着平衡感,例如,服饰面料与配饰颜色的变化,亮色面积大,暗色面积小,也能构成面积大小和色彩明暗的均衡(图5-5)。

(三) 节奏与韵律法则

节奏是原本用于音乐专业的术语,指音乐的轻重缓急的变化和重复,即长音与短音交替、强音与弱音的反复,通过一定的组合表现出的优美的感觉。服饰设计中的节奏主要体现在点、线、面、体有规则或无规则的重复、梳密、组合的综合运用。服饰设计中的韵律,指服饰的剪裁设计中服装面料结构大小、长短、色彩的对比,造型中点、线、面、体的变化,如服装层层叠叠的花边组合的褶皱产生的韵律感。

(1) 有规律的重复:在服饰设计当中表现为规律性强、整齐。百褶裙中相同距离的宽度反复出现,每个褶裥的大小相同,具有一定的节奏感。服饰面料当中的印花图案中相同大小、色彩的点或格子,也会产生一定的机械韵律感(图5-6)。

图5-5　Dior 2015秋冬女装

图5-6　Dior 2007春夏高级定制女装

(2) 无规律的重复:无规律的点、线、面、体交错排列的重复组合,视觉上刺激性强、动感强,形成了无规律的重复(图5-7)。

(四) 对比与调和法则

对比指服饰设计中两个元素放在一起,相同点很少,异同点很多,形成对比;反之,相同点多、异同点少,便为调和。主要体现在下面几种情况中(图5-8)。

(1) 形态对比:服装的长与短、紧与松、曲与直、繁与简、软与硬等的对比。

(2) 色彩对比:色彩的色相、明度、纯度的不同,或者色彩的形态、面积、体积处理形成的对比关系,形成色彩带来的视觉美感。

(3) 材质对比:主要跟服装的面料和肌理形成的对比,如厚实—飘逸、顺滑—褶皱、细腻—粗犷、硬挺—柔软、丝滑—毛躁等。

图 5-7　Dior 春夏高级定制女装

图 5-8　Chanel 2015 春夏女装

（4）调和：在不同服饰的造型元素当中强调他们的共同性，使得整体造型和谐。服装的色彩、面料、款式之间的协调，具有统一的、和谐的、安静的整体美。

（五）衬托与呼应法则

衬托：服饰形象的造型中的衬托，通常包括以多衬少、以繁衬简、以粗犷衬托细腻等，相互存在，相互依存。

呼应：服装整体与局部、局部与局部、服装与配饰之间的照应关系。

（六）多样与统一法则

多样与统一法则指的是比例与尺度、对称与均衡、节奏与韵律、对比与调和、衬托与呼应等形式美法则的集中概括。在我们设计形象，为了追求造型、色彩、材质别具一格的时候，要防止将各种造型元素混乱组合,从而避免缺乏统一性。只有在统一中求变化,变化中求统一,保持变化与统一的适度,才能塑造趋于完美的整体形象(图 5-9)。

图 5-9　Thom Browne 2011 春夏男装

四、服饰风格的分类

服饰风格指一个时代、一个民族、一个流派或一个人的服饰在形式和内容方面所显示出来的价值取向、内在品格和艺术特色。服饰设计追求的境界说到底是风格的定位和设计,服饰风格表现了设计师独特的创作思想、艺术追求,也反映了鲜明的时代特色。

(一)古典主义风格服饰

古典主义风格源自文艺复兴时期,古典主义(classicism)一词来自拉丁文(classocus),简单地说,古典主义是指文艺复兴时期的艺术家们对于古希腊、古罗马的文学、艺术、建筑学的模仿。我们所说的古典主义艺术风格发源于 18 世纪的法国,代表画家是大卫。古典主义艺术在形式和内容方面都借鉴了古希腊和古罗马。服饰中的古典主义风格同样源自古希腊,古希腊的服饰和雕塑一样,强调对人体自然美的推崇。

古典主义风格服饰特点:古典主义风格服饰的面料剪裁属于块料型,大多不需要缝纫,以各种形状和品种的材料披覆和包裹在人体上,用别针、腰带、金属扣等来固定服饰,充分展现人体美。古典主义的服饰端庄、典雅、脱俗。服饰的样式主要参照欧洲奢华的宫廷贵族所拥有的时尚衣着,代表了上层阶级的审美情趣。古典主义风格追求唯美主义,服饰剪裁上强调高腰身、帕夫短袖、细长的裙子、方形的领口、纯粹的自然形态。色彩上大多以沉稳、端庄、代表性宫廷建筑的色彩为主。面料上大多使用丝绸、锦缎和缎带、蕾丝、流苏、羽毛、丝带绳结等装饰(图 5-10)。

图 5-10　古典主义时期服饰造型

古典主义风格服饰实例：Valentino 在 2016 年春夏高级定制系列的服饰当中，运用的设计元素从拜占庭一直走到东方古国，妆容古典的少女们脚踩花瓣诗意地在 T 台上行走，古希腊时期祭祀长裙的廓形、丝绸以及薄纱，西方古典宫廷的图案印花，模特头上的蛇型发饰，处处散发着古典主义风格的韵味（图 5-11）。爱慕集团在 2012 年发布的一场具有古典主义风格的女装犹如一阵清风徐徐吹来（图 5-12）。Nina Ricci 的女装同样秉承了古典主义的风格，高腰线的设计既可以修饰人体比例，也显得端庄典雅（图 5-13）。

(a)   (b)   (c)   (d)

图 5-11   Valentino 2016 春夏女装发布（一）

图 5-12   爱慕集团 2012 年女装   图 5-13   Nina Ricci

（二）浪漫主义风格服饰

浪漫主义风格服饰中的"浪漫主义"一词起源于法语当中的"Romance"，指的是充满幻想、富有诗意的，中文里的"罗曼蒂克"一词也是由此英译而来。浪漫主义最初是文学中的基本创作方法之一，作为一种文学的创作方法，浪漫主义在反映客观现实时，侧重从主观内心世界出发，抒发对理想世界的热烈追求，常用热情奔放的语言、瑰丽的想象和夸张的手法来塑造形象。浪漫主义作为一种文学思潮，在 18 世纪后半叶至 19 世纪的上半叶在欧洲盛行，并且体现在艺术、服饰等方面。

浪漫主义风格服饰特点：浪漫主义的服饰富有很多想象力和女性化特征，展现出极其浪漫、美丽的奢华感。浪漫主义服饰设计上注重轮廓的剪裁，特征为宽肩、细腰、丰臀。面料上常采用锦缎、丝绒、蕾丝、真丝薄纱、天鹅绒、弹力针织材料，营造华丽梦幻的浪漫效果。

浪漫主义风格服饰实例：Valentino 2016 春夏女装系列就是来自一个周游浪漫意大利，寻根溯本,诉说没有怀旧情怀的现代故事,它重新唤醒18世纪Grand Tour的魅力。这趟文化之旅的主人翁是欧洲的两位设计师Maria Grazia Chiuri与Pier Paolo Piccioli,他们到意大利旅游,体验当地艺术、哲学和传统。两位设计师回顾这趟以罗马为中心的旅程,追寻不同阶段的足印及古典主义的遗珍,对它存在的理由心领神会:旅行不只是体会故事情节和获取知识的工具,它让人以锐利的眼光观察现实,以一颗自由的心传神地表述。Maria Grazia Chiuri与Pier Paolo Piccioli把大家熟悉的片段层层铺迭、风景及纪念品、丝巾印花和巴洛克蕾丝、经典遗迹与海洋美景、清纯丽质和令人赞赏不已的精湛工艺,他们利用这些元素编写个人语言,描绘柔弱却又形象鲜明的女性面貌。这个女性剪影在舞动中,不经意地流露知性美感。连衣裙缀上炫目的印花和图样,这些印花和图样出现在很多经典款式中,如娃娃装、简约浪漫的高腰连身长裙,还有性感但不裸露的露背连身短裙。双面麻布大衣搭配衬衣和飘逸阔腿裤,形象轻快、自然,蕾丝及网眼蕾丝纯洁名贵如婚纱(图5-14)。

图 5-14　Valentino 2016 春夏女装发布(二)

Elie Saab 的作品,一向都是以奢华高贵、优雅迷人的晚礼服而著称。高级定制女装秀,以华丽风格取胜,运用丝绸闪缎、珠光面料、带有独特花纹的雪纺、银丝流苏、精细的刺绣,同时运用褶皱、水晶和闪钻,为所有女人构筑一个童话般的梦。Elie Saab 大手笔勾勒出精美奢华的服饰盛宴,带给所有人炫目时尚的同时,亦让穿着 Elie Saab 女装的女人化身成最优美的精灵国度公主(图5-15、图5-16)。

图 5-15　Elie Saab 女装(一)

图 5-16　Elie Saab 女装(二)

（三）哥特风格服饰

哥特艺术来源于公元12—15世纪，当时欧洲各个城市已经成为各个封建王国的政治、经济、宗教、文化中心，兴起了中世纪大发展的一个艺术果实——哥特艺术。"哥特"这个词最早来源于欧洲早期的西哥特部族——以破坏和掠夺为乐的部族，这个部族以无知和缺少文化品位而著称。因此，最初的哥特艺术是一个贬义词。在欧洲人心中，罗马式建筑风格是正统建筑艺术，后来兴起的新的建筑艺术形式就变为"哥特式"建筑艺术了。今天看来，"哥特式"是一种相当伟大的艺术，它的磅礴气势是很多艺术流派所不能匹敌的。哥特艺术是欧洲中世纪最伟大的成就之一，艺术的内容和形式都具有很高的价值，其中主要体现在建筑和服饰上面。"哥特式"最早源于欧洲的建筑风格，这种气势恢宏的建筑风格很快影响到整个欧洲，同时反映在服饰、绘画、雕刻、装饰艺术等方面。

哥特风格服饰特点：高高的冠戴、尖尖的鞋、衣襟下端形状较为尖锐或者呈锯齿形状。女装通常上身紧身合体，下半身裙子宽大，上轻下重，形成一种圆锥状的造型，具有极强的装饰性（图5-17）。通过时代不断的发展和演变，哥特风格服饰带有大量的蕾丝装饰。电影中的哥特风格服饰常常与坟墓、吸血鬼、女巫、废墟、哥特大教堂相联系。哥特风格服饰的形象往往会这样呈现：黑色紧身牛仔裤、黑色摩托皮夹克、黑色飞行太阳眼镜、黑色网眼丝袜、黑色眼影，这样的造型散发着颓废、叛逆、消极的情绪。在当今，哥特风格服饰演变成一种时尚、一种人生态度和一道独特的社会风景。哥特风格服饰中常有的设计元素包括镂空设计、捆绑束腰设计、破坏设计、褶皱与荷叶边设计、黑色面料上的印花等（图5-18、图5-19）。

图5-17 传统的哥特风格服饰

哥特风格服饰实例：在当今的时装界中，以黑色主打的日本设计师川久保玲（Comme des Garcons）、山本耀司（Yohji Yamamoto）以及川久保玲的学生渡边淳弥（Junya Watanabe），他们用他们独特的服饰设计语言，结合哥特风格服饰，阐述了"后哥特时期"的服饰。山本耀司（Yohji Yamamoto）2014秋冬女装秀的设计重点无疑是显而易见的哥特式茧形设计的有趣概念，设计师巧妙地将其男装秀中的那些充满迷幻色彩的手绘涂鸦、文身图案运用到了女装的廓形中（图5-20）。

设计师多娜泰拉·范思哲（Donatella Versace）用整个范思哲（Versace）2012秋冬女装系列，向自己的哥哥詹尼·范思哲（Gianni Versace）在1997年发布的运用大量"哥特式"暗黑元素的高级定制系列致敬（图5-21）。

图 5-18　哥特风格服饰系列（一）

图 5-19　哥特风格服饰系列（二）

图 5-20　山本耀司（Yohji Yamamoto）2014 秋冬女装秀

图 5-21　Versace 2012 秋冬女装——黑暗勇士

（四）洛丽塔风格服饰

洛丽塔风格当今非常流行，网络上很红的"萝莉"一词就是来自它。"lolita"一词源自俄裔美国作家弗拉基米尔纳博科夫（Vladimir Nabokov）于 1955 年出版的小说《Lolita》，后被史丹利·寇比力克（Stanley Kubrick）改编成同名电影《一树梨花压海棠》，女主角名叫 Lolita。1997 年，电影《Lolita》被重拍，在日本大受欢迎，原宿街头开始兴起宫廷娃娃的时装潮流。自此，日本人将"lolita"衍生成为天真可爱少女的代名词，把 14 岁以下的女孩称为"lolita 代"，简称为"loli"。

常见的洛丽塔风格服饰主要包括黑色洛丽塔、古典洛丽塔、田园洛丽塔、甜美洛丽塔、哥特洛丽塔、优雅贵族洛丽塔。其主要特点是大量的蕾丝花边、排列的蝴蝶结、束腰、蓬蓬裙、公主袖、系绳设计，搭配上可爱的妆容（图 5-22、图 5-23）。

图 5-22　Lolita 风格服饰

图 5-23　Lolita 风格系列

洛丽塔风格服饰设计实例：Rodarte（罗达特）时装品牌，由来自美国加州的设计师凯特·穆里维（Kate Mulleavy）和劳拉·穆里维（Laura Mulleavy）姐妹于 2005 年创建。姐妹俩制作的罗达特（Rodarte）礼服，有大量柔软的层层叠叠的雪纺和精致的手工缝纫及绣花，给人以高贵华丽的印象。罗达特（Rodarte）品牌名，源自姐妹俩的母亲娘家的姓氏。这个品牌的高级成衣设计风格也会营造这种甜美的洛丽塔风格：柔美的线条、可爱的印花、波浪般的荷叶边、马卡龙色调，一股清新的洛丽塔风格扑面而来（图 5-24）。

图 5-24　Rodarte 风格服饰

（五）波西米亚风格服饰

波西米亚为 Bohemia 的译音，原意指豪放的吉卜赛人和颓废派的文化人。追求自由的波西米亚人，在浪迹天涯的旅途中形成了自己的生活哲学。波西米亚不仅象征着拥有流苏、褶皱、大摆裙的流行服饰，更是自由洒脱、热情奔放的代名词。波西米亚风格的服饰是一场革命。波西米亚风格代表着一种前所未有的浪漫化、民俗化、自由化，也代表一种艺术家的气质，一种时尚潮流，一种反传统的生活模式。波西米亚风格服饰提倡自由、放荡不羁和叛逆精神，浓烈的色彩、繁复的设计让波西米亚风格服饰给人强烈的视觉冲击力和浪漫感。

波西米亚风格服饰特点：波西米亚已经成为一种象征，代表着流浪、自由、放荡不羁、随意、洒脱、浪漫、热情，在服饰当中也具有游牧民族服饰的特点。层叠的蕾丝、精美的刺绣、蜡染的印花、宽松的上衣、大摆层叠的长裙、手工编织的花边或者绳结、皮革流苏，以及自然的妆容和蓬松的发型。面料的剪裁上有着哥特式的繁复，注重领口、腰部、配饰的设计与搭配（图5-25）。

图5-25　Chloe 2015春夏系列广告大片

波西米亚风格服饰设计实例：Chloe品牌2016年秋冬巴黎时装发布会，延续了一贯的波西米亚风格，暖色调、多层次的重叠、飘逸的流苏，让人感觉舒服惬意（图5-26）。

图5-26　Chloe 2016春夏女装

（六）田园风格服饰

浪漫的田园风格服饰大多是由碎花、草帽、花边组成的。田园风格大量使用小碎花图案的各种布艺。田园风格特点是回归自然，给人一种扑面而来的浓郁乡土气息，拥有时尚的返璞归真的味道。田园风格的产生原因：伴随着城市化、现代工业的污染以及现代城市生活的快节奏，激烈的竞争、繁忙的工作加剧了城市人的身心疲惫和精神束缚的感觉，人们向往从前简单平静的田园生活。田园风格崇尚自然而反对虚假的华丽，追求古代田园的自然气息。

田园风格的服饰剪裁通常宽松舒适,面料大多采用天然的面料棉、麻、丝,服装上的装饰也来自自然的风景图案,如花朵、树木、沙漠、沙滩、阳光、大海等。

田园风格服饰的设计实例:Gucci 2015 秋冬时装发布会中充分展现了田园风格的美丽,以棉、丝为主的服装面料,碎花、格纹、印花、头巾充分展现了田园风格的舒适感和美感(图 5-27)。Anna Sui 2016 春夏系列,给我们带来了一场活泼的吉卜赛田园风盛宴,这个系列延续 Anna Sui 一贯的大胆用色,包括红色、墨绿色、玫紫色、紫罗兰紫等。2015 春夏系列主打鲜艳的印花、精致的绿叶、趣味十足的动植物图案、部落图腾。在人们熟悉的元素中,依旧有着让人惊喜的新创造,这才是设计的意义。Anna Sui 2016 春夏系列里,田园风和部落风的激烈碰撞,加上不对称拼接、镂空、透视、流苏,不显厚重沉闷,体现出吉卜赛式的不拘一格和豪迈爽朗气息(图 5-28)。

图 5-27　Gucci 2015 秋冬田园风格女装

图 5-28　Anna Sui 2016 春夏女装

(七)民族风格服饰

民族风格是一个民族在长期的生产生活中形成的本民族独特的艺术特征,这是由这个民族的社会结构、经济生活、风俗习惯、艺术传统等因素所构成的。简而言之,民族风格就是一个民族特有的文化符号或者文化特征,也就是一种民族元素。我们在民族服饰设计中常将道德、政治、宗教相联系。在世界上,民族服饰的风格就代表了不同的民族、不同的村落、不同的信仰等。在21世纪,越来越多的民族对本民族的传统服饰重新热爱,使得本民族的服饰风格成为国际服饰舞台上的流行要素。

民族风格服饰的特点:现代的服饰设计对于传统民族服饰款式、色彩、图案、材质、装饰元素进行了一些适当的调整,吸收了时代的精神、理念,同时面料上采用了新型的面料和服饰流行色彩,来增加服饰的时代感和装饰感。不同民族的设计师在设计不同的民族服饰时会有不同的民族文化倾向,他们通常会用绚烂的色彩、朴素的面料材质,剪裁时具有民族的独特性。在设计当中也会加入该民族的工艺手段,如刺绣、蜡染、镶嵌、编织、扎染等。

民族风格服饰设计实例:日本的设计师三宅一生在创作自己品牌的服饰时,融入了东方的禅意和日本的民族特点,将东亚的服饰展现给了世界(图5-29、图5-30)。

图 5-29　三宅一生的东方系列服饰(一)

图 5-30　三宅一生的东方系列服饰(二)

（八）都市风格服饰

都市风格是在20世纪后现代主义艺术思潮影响下的一种都市的审美追求,都市风格展示了中心城市的自信,表现着都市白领追求生活的情趣,富有个性,带有引领现代生活审美潮流的动力意识。经济的快速增长和生活节奏的加快都使得都市风格愈来愈盛行。

都市风格服饰的特点:都市风格在服饰的设计上符合都市的现代感和摩登范,服饰廓形设计简洁,摒弃了以往的繁复和华丽的装饰,给穿着者优雅端庄的造型形态。都市风格服饰的设计理念即为"less is more"(少即是多),服饰设计剪裁简洁、个性、时尚、安全。都市风格的服饰色彩往往以黑白灰色调、大地色调或者中性色调为主,致力于采用优质面料以及新颖面料。面料平整顺滑,大面积的图案应用很少,偶尔会出现一些直线、横线、斜线的几何形体,突出人体的曲线美,这使得都市风格的服饰具有舒适、自然、符合人体工学的特征。

都市风格服饰实例:DKNY是设计师Donna Karan在1989年以纽约为灵感创立的品牌。品牌创立伊始即对纽约所汇聚的多元文化和独特生活气息做了全新的诠释。DKNY以更前卫、更时尚、更休闲的手法去描绘纽约的不同文化、不同生活方式和时代气息,致力于以截然不同的语言向世界各个角落传达品牌的独特魅力,时至今日深受广大明星的追捧。纽约时装周DKNY 2015年春夏成衣发布会后台造型华丽,回归了DKNY品牌20世纪90年代的风格,吸收当时流行的多样化的纽约都市青春文化。这次的模特,包括街头造型达人和专业模特,他们都是通过精心挑选的,来进行多样化的个性表达,充分展现纽约作为多元文化大熔炉的朝气和魅力(图5-31)。

图5-31　DKNY男装

来自纽约的品牌Theory,新任艺术总监——时尚圈有名的时装设计师Olivier Theyskens在刚刚过去的纽约时装周上,用他对时装的热情和灵感创造了崭新的Theyskens' Theory系列。或许夹带一些慵懒的休闲,却在举手投足间尽显张力。事实上,这就是纽约都市风格——在每一件华服背后,彰显都市人面对快节奏生活的那份潇洒、时尚和前卫的态度。Theory视为根本的品质面料与优良剪裁,赋予其万变不离其宗的上乘质感。面料上,本季采用双面羊毛羊绒、轻质针织面料、珍贵短羊毛、压纹小牛皮、狐狸毛、漆皮等面料。同时,对面料进行了革新性的处理方式——用编织手法来处理针织面料,丝质面料层叠堆积产生厚重结构感等等,还采用高科技手段对面料预处理,令斜纹织料和羊毛能够在旅途中也不易起皱,时时保持完美精致。为了实现更修长的女性身材比例,全新系列采用中裙、长大衣、开衫、高腰裤、包臀裤,以及 A 字半身裙塑造出层次更丰富的着装方案,为秋冬季节准备最完善的新风尚。Theory 的这种纽约风潮,也同时备受时尚达人的倾心追捧,其中不乏很多当红好莱坞明星,如 Jennifer Aniston、Brad Pitt、Rashida Jones、Adam Brody、Gabrielle Union、Chace Crawford、Cameron Diaz、Angelina Jolie、Kate Hudson、Penn Badgley 和 Blake Lively 等都是 Theory 的狂热追随者(图 5-32)。

图 5-32　Theory 女装

(九) 朋克艺术风格服饰

朋克(punk),来自摇滚音乐的一种,朋克音乐是由一个简单悦耳的主旋律和三个和弦组成的兴起于 20 世纪 70 年代的一种反摇滚的音乐形式。朋克风格是一种强烈的破坏、彻底毁灭、彻底重建,具有爱憎分明的个性特征,这就是朋克精神的所在。

朋克艺术风格服饰特点:另类、叛逆、街头、搞怪是朋克服饰的代名词。朋克服饰的装扮强调穿着者的个性,早期的朋克是以黑色的紧身裤、布满很多窟窿以及印上很多骷髅和美女的紧身衣服、松垮的外套、皮衣等来搭配的。服装的面料主要以皮和全棉为主,配饰主要以别针、铆钉、金属链条等为主,色彩多以黑色为主。朋克艺术风格服饰从 20 世纪 80 年代逐步发展到今天,混合了 20 世纪八九十年代的新朋克样式出现了。匡威(Converse)、全明星(All-star)等牌子的鞋子,紧身印花 T 恤、瘦腿裤、布满铆钉的皮带、有弹性的露指手套、颜色多变的运动夹克,这些服装款式被大众所接受并模仿,并广泛流行开来,影响力巨大(图 5-33)。

朋克艺术风格设计实例:说到当代朋克艺术风格的服饰品牌不得不提到一个英国女设计师薇薇恩·韦斯特伍德(Vivienne Westwood),她一直以来都是朋克服饰设计道路上的先驱者,被称为时装界的"朋克之母",她的设计风格荒诞、古怪、稀奇,也十分具有独创性。她的独创性设计思维在服装上主要体现在扭曲的车缝线、非对称式的剪裁、不协调的色彩、长度不同的两只衣袖、内衣外穿、撕破的面料。她将 17—18 世纪传统服饰里的设计元素,以独到的手

图 5-33　韩国组合 BigBang 朋克系列风格打扮

法,融入街头的设计风格中,这种无厘头的穿搭方式,已经成为服饰界的独特风景(图5-34、图5-35)。

图 5-34　Vivienne Westwood 朋克女装(一)

（十）军服风格服饰

军服风格服饰是指从军装上得到启发而设计生产的服饰样式。军服风格服饰的英文是army look,军服风格的服饰设计灵感来源于军装的款式、廓形,也从军装的设计配件(包括垫肩、徽章、肩章、金属纽扣等)汲取设计灵感。军服风格服饰无论是男装还是女装,都能够彰显出硬朗、干练、帅气、庄重、中性等特点,通常还配以军装上的配件或者附属品来为服装点睛。

图 5-35　Vivienne Westwood 朋克女装（二）

军服风格服饰的特点：军服风格服饰搭配利落，有着挺括的领型、肩章领、束腰带。服饰款式有双排铜扣大衣、双排扣斗篷，长筒军靴、铜扣装饰的手套都是军服风格服饰的标志性特点。女装的军服风格在近几年的设计当中逐渐增多，这让军服风格时装在英朗中夹杂着女性的别样魅力（图 5-36、图 5-37）。

图 5-36　军服风格女装（一）

军服风格服饰设计实例：Burberry（博柏利）品牌的高端系列 Burberry Prorsum 2016 秋冬系列呈现浓浓的英式军装风，若隐若现的全镂空蕾丝作为主打元素点亮整个秀场，舒适的拖鞋和编制风格的高跟鞋交替呈现，在休闲与性感之间无缝穿越。轻若羽翼的 Trench 风衣由甄选的防雨丝毛混纺面料精裁而成，呈现宽松版型，金丝绳绣镶边细节彰显古典宫廷军装风格。模特们像《史诗》里的战士一样，带给我们视觉上的冲击（图 5-38）。

Balmain（巴尔曼）的设计师 Christophe Decarnin 都对军装风爱得如痴如狂，Balmain 女郎们坚强而性感、独立而洒脱，把咄咄逼人的强势和难以抵挡的性感诱惑集于一身。Balmain 有

图 5-37　军服风格女装（二）

图 5-38　Burberry 2016 秋冬军服风格系列女装

一款帅气的黑色军装式夹克为披肩领，带有垫肩，袖口处有黄金绳边做点缀，门襟两侧皆有银质纽扣和单开线带盖口袋；军装风格不只局限在对军服灵感的采撷上，更多的是融入了复古设计的精华，金属扣、铆钉等众多细节被合理搭配，它是同 Balmain 女装军装非常相似的一款夹克（图 5-39）。Balmain 与迈克尔·杰克逊有着很深的渊源是众所周知的，Balmain 的披肩夹克、军装、华丽亮片和铆钉等标志性设计和迈克尔·杰克逊的风格完全合拍（图 5-40），他在演出中穿着 Balmain 的服装亮相，十分闪耀。电影《This is it》记录了迈克尔·杰克逊最后的时光，其中能看见迈克尔·杰克逊多次穿着抢眼的 Balmain 的服装（图 5-41）。

（十一）未来主义风格服饰

未来主义是发生在 20 世纪的艺术思潮，未来主义最早出现于 1907 年，意大利作曲家弗

图 5-39　Balmain 军服风格服装

图 5-40　迈克尔·杰克逊身着 Balmain 的军服夹克

图 5-41　迈克尔·杰克逊在《This is it》中的服装

鲁奇奥·布索尼的著作《新音乐审美概论》被看作未来主义的雏形。未来主义思潮主要产生和发展于意大利,却也对其他国家产生了影响,以俄罗斯最为明显。意大利诗人马里内蒂于 1909 年在《费加罗报》上发表了《未来主义的创立和宣言》一文,标志着未来主义的诞生。他强调近代的科技和工业交通改变了人类的物质生活方式,人类的精神生活也必须随之改变。他认为科技的发展改变了人的时空观念,旧的文化已失去价值,美学观念也大大改变。从 20 世纪 60 年代开始,人类的后工业时代科技发展迅速,计算机技术、网络技术、微电子技术、人工智能、生物技术、新材料、航天技术等新技术的发展,在全球掀起了一场新的技术革命。人类对太空的探索经历了 60 余年,太空题材在服饰设计当中成为热门设计主题。

　　未来主义风格服饰特点:未来主义风格设计的总体特征是多用象征星际银河和外太空的银色和金色。在服装面料的选择上除了惯用的缎面、硬纱、漆皮、高级 PVC 材料,还有很多新型面料及设计师创新的面料。模仿宇航员和外太空飞行器的质感、挺括的廓形、几何形状剪裁。在色彩上大量运用银色或者闪亮的黑色,如镶满金属片的运动鞋、印在 T 恤或卫衣上杂乱无章的图案。

　　未来主义风格服饰实例:20 世纪六七十年代成为未来主义时装的最高峰时期。真正的未来谁也没有去过,因此时装巨匠们就用想象构筑了关于太空和未来的梦。这其中不得不提的就是法国著名设计师 André Courrèges。作为迷你裙的发明者，在 20 世纪 60 年代，他曾与 Pierre Cardin 和 Paco Rabanne 并称未来主义风尚三杰。1966 年 Audrey Hepburn（奥黛丽·赫本）在经典电影《How to Steal a Million》（偷龙转凤）中极具未来感的服饰就是出自 André Courrèges 之手。线条流畅的几何廓形、包裹身体的紧身设计、充满高度视觉存在感的色块和闪光面料都是未来主义的标签（图 5-42）。

图 5-42　20 世纪 60 年代充满未来感的设计

Gareth Pugh 2007 年春夏时装发布会中，在巨大的树脂秀台上，突然走出头戴橡胶面具、穿着大裙摆、国际象棋棋盘式的黑白格纹裙的模特。塑料膜拼贴出来的黑白方块世界、银箔贴面的救生毯大衣、被空气填充得充实膨胀的塑料外套告诉人们：欢迎再次来到 Gareth Pugh 的异想世界！Gareth Pugh 的 2007 春夏系列带领伦敦的观众超越他们对自身肉体的认知，放任自己被卷入这场超现实表演，他们开始相信科幻小说中的机器怪人已经真实来到了自己的眼前。Gareth Pugh 努力营造的戏剧性精神迷幻效果相当成功！这一部分来自他在 14 岁的设计。他一直深受 Ridley Scott 1985 年的电影《Legend》的影响。另外，还有一种说法，Gareth Pugh 的设计风格受到了设计师 Rick Owens 的影响，Rick Owens 的设计风格向来以隐晦和封闭的末世思维著称于世，Gareth Pugh 曾跟随他实习（图 5-43）。

图 5-43　Gareth Pugh 2007 春夏系列

（十二）前卫艺术风格服饰

"前卫"一词在汉语当中的含义是"领先于当时"和"新异而领先潮流"。前卫艺术起源于西方国家，一般总是表现出一种与传统服饰彻底决裂的极端主义美学。前卫艺术风格的服饰超出一般的审美标准,任性不羁,以荒谬怪诞的表现形式,对当代的服饰产生了巨大的影响,同时也给当代设计师极大的启迪和影响。前卫艺术主要是受到当代的抽象派、波普艺术的影响,跟这些艺术风格一样,追求标新立异的形象,设计师通过服饰表达对于现代文明的嘲讽和对传统文化的质疑,展现出一种超前的创新精神。

前卫艺术风格服饰的特点:造型特征以荒诞、怪异为主线,富于幻想,运用超前卫的服装面料、设计元素。服装轮廓变化大,强调对比,强调局部夸张。前卫艺术风格服饰的造型元素以夸张、不对称、装饰奇特、剪裁奇特为主要特征。前卫艺术风格服饰多使用以奇特新颖、时髦创新为主的面料,如真皮、仿皮、牛仔、上光涂层面料、太空棉等。色彩没有绝对约束,但求对比强烈,视觉冲击力强。

前卫艺术风格设计实例:Iris Van Herpen(艾里斯·范·荷本)品牌是当代服饰设计舞台上备受关注的品牌,向来擅长从服装材质着手设计,辅以夸张的造型,大量运用高科技元素,其设计充满着挑战性,往往给人深刻的印象;将传统手工艺与现代高科技手法完美融合,常常带给人们视觉冲击力。本次整个系列的亮点依旧是在面料上,运用3D打印的技术处理出特殊的面料肌理,让人感觉到海洋生物圈的骨力、光晕和轻盈。整体造型很具有实穿性。流线型的修身线条在保证立体效果的同时也不会让人感觉过于硬朗。系列中的一套中式旗袍,与高科技结合,赋予了古典旗袍更多的力量,获得了时装界高级定制界的认可(图5-44、图5-45、图5-46)。

图 5-44 作品欣赏

Victor&Rolf 这个双人组的设计品牌的服饰的前卫性向来都大于实穿性,2016年春夏设计系列也不例外,其中应用了3D打印技术和立体剪裁技术,将毕加索等艺术家的绘画作品展示出来,白色的立体服装如同雕塑一般,让人感觉前卫风格服饰与科技联系越来越紧密(图5-47)。

服饰潮流瞬息万变,除了以上所说的服饰风格以外,近些年还涌出许多新的服饰风格。

五、服饰的色彩搭配

我们所说的服饰设计中的三要素指的是色彩、面料、款式,其中服饰的色彩是形象设计当

图 5-45　作品细节(一)

图 5-46　作品细节(二)

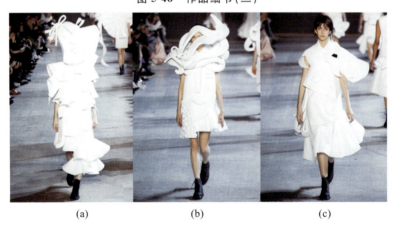

(a)　　　　　　　　(b)　　　　　　　　(c)

图 5-47　Victor & Rolf 作品

中非常重要的要素。当人们在购物或者进行审美评价的时候，视觉的第一印象是色彩。

（一）色彩的基本特征

从色彩角度通常把色彩分为两类，分别为无色彩系和有色彩系。有色彩系当中的所有颜色都有色相、明度、纯度这三种基本属性。色彩（图5-48）的三个基本属性之间相互依赖，任何一种属性发生了变化，另外两种属性也会随之发生变化。无色彩系指的是黑、白、灰系的色彩。

图 5-48 色彩

(二) 色彩的三种基本属性

(1) 色相：色彩的相貌，是指色彩所显现出来的本质的相貌。色相是颜色最重要的特征，用于区别色彩种类。例如，我们的阳光能够折射出红、橙、黄、绿、蓝、靛、紫七种不同的色相。

(2) 明度：色彩的明暗程度。在色彩的属性中的地位也是举足轻重的，色彩的色相和纯度只能通过明度来体现。简单地说，色彩的明度一方面是指一种颜色的深浅变化，另一方面是指不同色相之间客观具有的明度差别。

(3) 纯度：纯度的另外一个名称是色彩的饱和度，它指的是色彩的纯净程度，也就是色彩的鲜艳程度。色彩的纯度取决于一种颜色的波长的单一程度，波长越单一，色彩的饱和度就越高，意味着色彩越鲜艳（图 5-49）。

(三) 色彩对比

(1) 色相对比：色相相互间的对比通常用色相环来展示，这样一目了然。在色相环中，相隔圆心角度越小，色相的对比越不强烈；相反，相隔度数越大，色相对比就越强烈。相隔角度小于 15°为同类色相的对比；相隔 45°左右为邻近色的对比；角度相隔 120°为原色对比；角度相隔 180°为补色对比（图 5-50）。

(2) 明度对比：色彩明暗程度的对比。明度是色彩构成的重要因素，色彩的层次与空间的关系主要依靠色彩的明度对比来表现。只有色相对比没有明度对比，物体的外轮廓会难以辨认。根据色立体及色彩的明度色标，明度在 0~3 度的色彩称为低调色，4~6 度的色彩称为中调色，7~10 度的色彩称为高调色。高调色的色彩往往给人愉快、丰富、明快的感觉；低调色的色彩往往给人朴素、内敛的感觉（图 5-51）。

(3) 纯度对比：把主要色彩的纯度色标分为三大段，接近无彩轴的为低纯度色，距离无彩轴距离最远的为高纯度色，余下的为中纯度色。

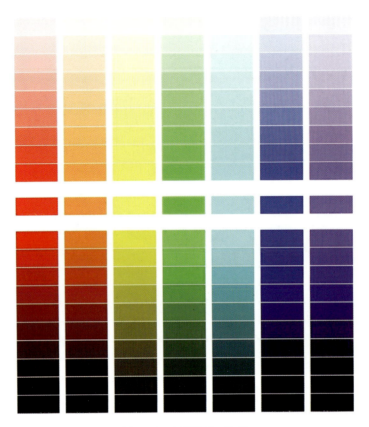

图 5-49　色彩明度、纯度

图 5-50　24 色相环

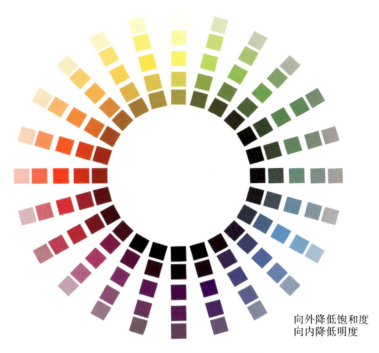

向外降低饱和度
向内降低明度

图 5-51　明度与纯度对比

（四）色彩搭配

（1）在形象设计的整体服装搭配中，切忌色彩种类过多，一般三至五种颜色最为合适。

（2）在形象设计的整体服装搭配中，要选择一种主要的冷或暖色调作为整体服装的主色调，几种色彩需要冷暖一致。

（3）在形象设计的整体服装搭配中，选择一种主色调、一种辅助色和一两种其他色彩点缀调和（图 5-52）。

图 5-52　服装色调

（4）在形象设计的整体服装搭配中，要注意选择合适的明暗色调。如果色彩的组合过于单一，容易产生平面、呆板的感觉，可以通过不同层次的明暗对比为整体形象塑造较强的立体感、生动感（图 5-53）。

图 5-53　明暗色调的搭配

（彭展展）

第二节　服饰与身材

一、身材分类

身材要素在形象设计中起到非常重要的作用，一般我们把身材分为 H、X、A、O、T 形（图 5-54）。

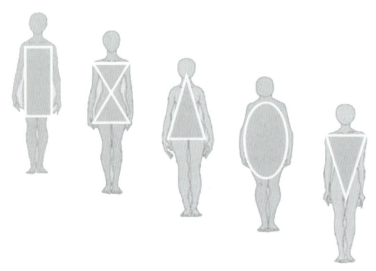

图 5-54　身材形状示意图

（一）H 形身材

1. H 形身材特点

H 形身材，肩部与臀部的宽度接近，身体最突出的特征是直线条，曲线不明显，腰部不明显,为 H 形的轮廓线。臀围与腰围的差值小于 15cm。身材苗条,胸部中等或较小,臀部瘦削扁平,没有腹部及大腿旁的赘肉。

2. H 形身材装扮方法

(1) 简单,合体,略收腰,增加女人味。

(2) 选择收腰放摆设计的连衣裙、外套等。

(3) 适当增加曲线剪裁或女性化装饰。

(4) 尽量选择收缩色挺阔面料、略微收腰的 H 形或高腰小 A 形服饰(图 5-55、图 5-56)。

图 5-55　H 形身材装扮(一)

图 5-56　H 形身材装扮(二)

(二) X 形身材

1. X 形身材特点

胸部丰满,腰部纤细,臀部圆润,曲线明显,肩膀有棱角,身长比例均衡。

2. X 形身材装扮方法

(1) 如果身材苗条,身高中等,那么几乎所有的款式都可以穿着。

(2) 如果身材比较丰满,那么应该注意身体与服装的合适度(图 5-57、图 5-58)。

图 5-57　X 形身材装扮(一)

图 5-58　X 形身材装扮(二)

(三) A 形身材

1. A 形身材特点

A 形身材是中国女性最常见的体型，上身肩部窄、胸部瘦小，下身腹部、臀部及大腿部分肥大，形状就像一个梨子，这是让无数女性头疼不已的一种身材。

2. A 形身材装扮方法

（1）适合在下半身使用收缩色，上半身使用膨胀色和横向装饰。

（2）下半身简洁合体，少装饰，上半身适当增加装饰，不要过于紧窄。

（3）选择合体的 H 形和小 A 形连衣裙。

（4）回避在下半身增加装饰感，如横向图案、蛋糕裙、蓬蓬裙。

（5）搭配遵循"里深外浅、里松外紧"的原则（图 5-59、图 5-60）。

图 5-59　A 形身材装扮（一）

图 5-60　A 形身材装扮（二）

(四) O 形身材

1. O 形身材特点

O 形身材突出特点为圆润的肚子，腰部的宽度大于肩部与臀部的宽度。一般，O 形身材的人都较为肥胖，也有体重轻的人是 O 形体型，通常其胳膊与腿为正常尺寸。

2. O 形身材装扮方法

（1）回避紧身衣服和裤子。

（2）适合上下身颜色一致、垂直线的设计。

（3）适合 H 形外轮廓、剪裁利落、肩部方正的服装（图 5-61、图 5-62）。

(五) T 形身材

1. T 形身材特点

T 形身材肩膀很宽，上身壮而下身细，看起来像个倒三角。

2. T 形身材装扮特点

（1）上半身使用收缩色，服装尽量简洁合体。

（2）瘦的人，下半身使用膨胀色，可以多装饰。胖的人，整体使用收缩色，面料挺阔，简洁、合体，适当在下半身增加横向装饰。

（3）肩部设计要简洁合体，回避肩章、泡泡袖、宽翻领、一字领、盆领、耸肩设计（图 5-63、图 5-64）。

图 5-61　O 形身材装扮(一)

图 5-62　O 形身材装扮(二)

图 5-63　T 形身材装扮(一)

图 5-64　T 形身材装扮(二)

二、劣势身材穿着

1. 颈部偏长

（1）适合：穿高领的衣服、戴短项链，脖子上系丝巾，戴引人注目的胸针。

（2）不适合：V 形领、戴长项链。

2. 颈部偏短

（1）适合：深 V、U 形领，戴长项链可拉长领部视觉效果。

（2）不适合：高领、堆褶领、密封的小圆领、短项链。

3. 肩宽

（1）适合：在前中线增加装饰，来忽略肩宽的问题；插肩袖或合体的袖；用 V 形领、U 形领内搭与外衣形成颜色对比。

（2）不适合：耸肩设计、夸张的垫肩、肩章、泡泡袖；在肩部出现横向的装饰或图案，一字领，宽翻领。

4. 肩窄

(1) 适合:泡泡袖、垫肩、一字领、船形样式的宽衣领。

(2) 不适合:无肩缝衣袖、插肩袖、低肩袖或露肩样式的上衣。

5. 臂粗

(1) 适合:长袖、九分袖、七分袖、蝴蝶袖。

(2) 不适合:在手臂最粗处出现横向分割线。

6. 胸部

(1) 胸下位:装饰点移到胸部偏上的位置。

(2) 胸上位:装饰点移到胸部偏下的位置。

(3) 胸小:光泽的面料,膨胀色,有褶皱、珠片装饰、花边。

(4) 胸大:胸部设计要简洁,领口为浅口,回避堆领、蝴蝶结、化妆装饰。

7. 腰部

(1) 腰长:高腰裙、短外套+连衣裙或高腰裙。

(2) 腰粗:合体的 H 形、A 形连衣裙;里松外紧,里深外浅;回避腰腹部紧裹、明显的横向装饰。

8. 臀部偏胖

(1) 适合:连衣裙、半裙,遮盖臀部;偏长偏宽的外套,盖住臀部;收腰放摆的设计,掩盖臀部的宽度。

(2) 不适合:在臀部出现横向装饰。

9. 腿部

(1) 腿短:用连衣裙、半裙模糊胯部;高腰裤+高跟鞋;若着裙装,长度到膝盖上方。

(2) 大腿粗:长款上衣盖住大腿粗的位置(长款大衣+铅笔裤);连衣裙在膝盖上方结束,半裙盖住大腿粗的位置。

(3) 小腿粗:回避在小腿最粗处出现横向分割线。

10. 身材高胖

(1) 适合:上衣要合身,不要过于宽松,下装选择有垂感、稍微宽松的直筒裤,还可以选择带有纵向条纹的图案。

(2) 不适合:短款上衣或裤子,过多装饰物的衣服及有横向条纹的图案。

11. 身材矮胖

(1) 适合:收缩色,里浅外深,上下身颜色一致或渐变;简洁、合体的 H 形和小 A 形连衣裙、长外套;使用 V、U 形相对浅口领型。

(2) 不适合:上、下身使用反差大的两种颜色,有复杂装饰及宽松的衣服,以及过大的包包。

(孙珊珊)

第三节 场 合 穿 着

场合着装又名 TPO 场合着装,是指依据不同的场合着装规则进行服饰搭配,打造完美形象。TPO 是西方人最早提出的服饰穿戴原则,它分别是英文 time(时间)、place(地点)、object

(目标)的缩写。就是告诉人们在着装时要考虑时间、地点、目的这三个要素。

在生活中,我们常有这些经历:参加婚礼或朋友聚会、看电影、逛街、在公司上班、开会、和客户吃饭、参加公司举办的庆典、和同事出差、拜访客户、看芭蕾舞剧等等。我们把这些场合归为三大类:职业场合、社交场合和休闲场合。

一、职业场合

(一)严肃职场

(1)常见场合:会议、商务谈判、招投标。
(2)形象目标:严谨、正统。
(3)着装特点(图 5-65、图 5-66):
①色彩:明度低、纯度低、明度对比。
②款式:西服套装(裙、裤)同面料、同颜色+衬衣或简洁的内搭。
③配饰:
a.鞋:基本色的船鞋、不露脚趾和后跟。
b.包:简洁的公文包、手拎包,精致、简洁、功能性强。
c.饰品:简洁的耳钉、小的项链、手表、指环,体积小、装饰性弱、以银色配饰为主。

图 5-65 严肃职场着装(一)

图 5-66 严肃职场着装(二)

(二)一般职场

(1)常见场合:办公室日常办公、客户拜访。
(2)形象目标:简洁、知性、正式感、职业感。
(3)着装特点(图 5-67、图 5-68):
①色彩:明度范围大、中低纯度色。
②款式:
a.西服外套+裤(直筒裤、铅笔裤、九分裤、七分裤)。
b.西服外套+裙(无袖连衣裙、半裙)。
c.衬衣+裤子(或半裙)。
d.上班穿的连衣裙。
e.西服套装拆开穿,香奈尔式的外套(套装)。
③配饰:
a.鞋:可增加设计感和装饰性,如鱼嘴鞋、船鞋。
b.包:有时尚感,增加个人趣味。
c.饰品:有一定的体积感和装饰性。

图 5-67　一般职场着装（一）

图 5-68　一般职场着装（二）

（三）时尚职场

（1）行业：时尚造型、时尚杂志、公关公司。
（2）形象目标：时尚感＋职业度。
（3）着装特点（图 5-69、图 5-70）：
①色彩：用色范围更广、用色更大胆。
②款式：设计感更明显、流行元素多。
③配饰：可以用大体积的配饰，装饰性偏强。

图 5-69　时尚职场着装（一）

图 5-70　时尚职场着装（二）

（四）职业场合各种场景

（1）求职面试：体现专业、自信，模仿应职公司员工的着装风格。
（2）第一天上班：亲和、不要太出风头。
（3）平常工作日：个人风格。以职业发展方向作为引导。
（4）休闲星期五：职业＋休闲、西装＋T恤＋牛仔裤、职业＋连衣裙（向晚宴场合过渡）。
（5）商务谈判：严肃职场的套装，体现严谨、稳重，有力度。
（6）个人演说：隆重的套装、设计感强、上班穿的连衣裙。

二、社交场合

根据参加社交活动的时间,把社交场合分为白天社交和晚上社交。

(一) 白天社交

(1) 场合:婚礼、葬礼、拜访客户、出席分公司开业庆典等。

(2) 形象目标:正式。

(3) 基础样式(图 5-71、图 5-72):套装、小礼服(长度为膝盖上下)。

(4) 配饰:

①鞋:船鞋、鱼嘴鞋、高跟凉鞋(装饰华丽)。

②包:精致的手拎包、小包。

③配饰:感性、华丽、装饰性强。

(5) 白天社交的各种场景:

①参加婚礼:不要过于暴露或个性的着装,不要和新娘撞色或撞衫。

②参加葬礼:庄重、严肃、深色套装、小黑裙、深色大衣(冬天)。

③参加艺术画廊开幕式:艺术化的印花连衣裙、小礼服。

④参加孩子毕业典礼:套装或连衣裙,精致、优雅。

⑤出席分公司开业庆典:职业+女性化饰品+隆重的套装,上班穿的连衣裙+配饰。

图 5-71　白天社交着装(一)

图 5-72　白天社交着装(二)

(二) 晚上社交

(1) 场合:商务晚宴、公司年会、结婚纪念日、欣赏古典音乐等。

(2) 形象目标:优雅、高贵。

(3) 基础样式(图 5-73、图 5-74):小礼服、大礼服、抹胸裙、露背及地长裙。

(4) 配饰:

①鞋:细高跟凉鞋、精美船鞋、鱼嘴鞋。

②饰品:奢华感、装饰性强。

(5) 晚上社交的各种场景:

①鸡尾酒派对：小礼服＋细高跟凉鞋或船鞋＋配饰。
②正式晚宴：大礼服（小礼服）＋细高跟凉鞋或船鞋＋配饰。
③商务晚宴：不要穿得过于暴露、张扬，以稳重、高贵的形象为主。
④公司年会：优雅、高贵、精致、稳重。
⑤结婚纪念日：优雅、浪漫、女人味、柔美、性感、迷人。
⑥欣赏古典音乐：小礼服，优雅、有情趣。
⑦参加品酒会：精致的、优雅的或古典的风格。
⑧时尚派对：个性张扬的流行元素，符合派对主题。

图 5-73　晚上社交着装（一）　　　　图 5-74　晚上社交着装（二）

三、休闲场合

休闲场合一般分为：都市休闲、运动休闲、户外休闲、居家休闲。

（一）都市休闲

（1）场合：购物、看电影、朋友聚会。
（2）形象目标：都市时尚。
（3）着装要点（图 5-75、图 5-76）：
①色彩：黑色、白色、灰色、米色（驼色）、有彩色。
②款式：各种适合自己体型的廓形，材质、图案不限。
③配饰：各种时尚感饰品、帽子、时尚类手包或拎包、时尚类鞋。

（二）运动休闲

（1）场合：健身房运动、户外跑步。
（2）形象目标：活力、动感、舒适。
（3）着装要点（图 5-77、图 5-78）：
①色彩：高纯度有彩色＋无彩色。
②款式：合体的或宽松的运动服，材质轻薄、透气、吸汗。
③配饰：时尚类运动鞋。

图 5-75　都市休闲着装（一）　　　　　　　图 5-76　都市休闲着装（二）

图 5-77　运动休闲着装（一）　　　　　　　图 5-78　运动休闲着装（二）

（三）户外休闲

（1）场合：去自然风光地旅游、跋山涉水。

（2）形象目标：活力、动感、舒适。

（3）着装要点（图 5-79、图 5-80）：

①色彩：高纯度有彩色＋无彩色。

②款式：合体或宽松的时尚类运动服，材质防水、耐磨、透气。

③配饰：双肩时尚运动类背包、时尚类运动鞋、遮阳帽、墨镜。

图 5-79　户外休闲着装（一）　　　　　　　图 5-80　户外休闲着装（二）

（四）居家休闲

(1) 形象目标：舒适、温馨、放松。

(2) 着装要点（图 5-81、图 5-82）：

①色彩：白色、浅灰色、浅米色、低纯度有彩色。

②款式：合体或宽松的休闲服，材质舒适、柔软、亲肤。

③配饰：无。

图 5-81　居家休闲着装（一）

图 5-82　居家休闲着装（二）

（孙珊珊）

第四节　男士服饰设计搭配

男士服装的设计虽然不及女装的千变万化，但是男装作为服饰设计中一个非常重要的部分，近些年来也出现了年轻化、多样化的设计趋势。

一、男士正装

所谓正装，是指适用于严肃的场合的正式服装，正装就是正式场合的装束，男士的正装穿着十分讲究。

在西方国家，正装主要指的是日耳曼民族的传统服饰，如西装、燕尾服、礼服；在中国，正装则指西装、中山装。

最常见的男士正装，是我们常常在白领们身上看到的"衬衫＋西服＋领带＋皮带＋西裤＋皮鞋"，实际上，在夏天只穿着衬衫和西裤也是着正装的体现，立领的中山装也属于正装范畴。西装的穿着讲究场合，只有相应的氛围，才能够表现出西装庄重的特点。

西装不是外套，也不是工作服，而是出席正规场合的服装，因此被称为正装。

西装要求面料的精致与考究，面料要挺阔，还不能过于厚重，颜色以黑色为上乘色，灰色为次；西装讲究合身，衣长应过臀部，标准的尺寸是从脖子到地面的 1/2 长；袖子长度以袖子下端到拇指尖 11cm 最为合适；衬衫领口略高于西装领口；裤长以不露袜子，到鞋跟处为准；裤腰前低而后高，裤型可根据潮流选择，裤边不能卷边。这些均是穿着西装的基本要求，体现西装的规范性。

二、男士休闲装

男士休闲装,俗称便装。它是人们在无拘无束、自由自在的休闲生活中穿着的服装,将简洁自然的风貌展示在人前。休闲服装一般可以分为:前卫休闲、运动休闲、浪漫休闲、古典休闲、民俗休闲和乡村休闲等。休闲,英文为"leisure",此词在时装上覆盖的范围很广,包括日常穿着的便装、运动装、家居装,或把正装稍做改进后而成的"休闲风格的时装"。总之,凡有别于严谨、庄重服装的,都可称为休闲装,如卫衣、polo衫、夹克衫、牛仔服等。

三、男士运动装

男士运动装原指专用于体育运动竞赛的服装。通常按运动项目的特定要求设计制作。广义上还包括从事户外体育活动穿用的服装。现多泛指用于日常生活穿着的运动休闲服装。如:运动鞋、篮球服、网球套装、棒球服、冲锋衣等。

(彭展展)

第五节 饰品的分类和搭配法则

服饰中的饰品虽然都比较小,但却是我们在服饰搭配当中不可或缺的。

一、饰品的种类(女性配饰和男性配饰)

(一)按服饰功能分类

饰品功能主要包括装饰功能和实用功能两方面。有装饰功能的饰品有徽章、文身、美甲、耳环、耳钉等。实用功能包括:保护身体、固定服饰、盛载物品等。具有保护身体功能的饰品主要有帽、鞋、太阳镜、披肩、手套、围巾等,具有固定服饰作用的饰品主要有腰带、扣子、别针等,具有盛载物品作用的饰品主要有包袋、手拿包、票夹、书包、箱包等。

(二)按装饰部分分类

根据饰品装饰的身体部位不同可将其分为:帽饰、发饰、面饰、颈饰、耳饰、肩饰、衣饰、腰饰、手饰、腕饰、腿饰、足饰等。

(三)按工艺方法分类

随着当今科技的发展以及传统的手工技术的传承,饰品的工艺方法主要分为三类。

1. 手工艺产品

手工艺品包括手工编结、手工刺绣、手工雕刻、手工镶嵌等。欧洲传统的高级手工坊从基本上消失的高级定制时装业转型到高级成衣业服务,它们很大部分合并到Chanel(香奈儿)公司的附属公司Paraffection,这个公司包括Desrues服饰珠宝坊、Lemarié山茶花及羽饰坊、Michel制帽坊、Massaro鞋履坊、Lesage刺绣坊、Montex刺绣坊、Causse手套坊、Goossens金银坊、Guillet花卉首饰坊、Barrie Knitwear羊绒坊、Lognon褶裥坊11间手工坊。2002年起,卡尔·拉格斐每年推出一个独立的高级成衣系列,即每年12月发布的"高级手工坊系列",同时会选择一个和品牌有紧密联系的都市作为创作主题,创新演绎品牌经典元素,以创意无穷的精彩设计,展现香奈儿的动人历史。卡尔·拉格斐从香奈儿品牌与系列主题城市之间的千丝万缕的联系中汲取灵感,打造独一无二的高级成衣系列,以展现这些高级手工坊精湛出众的工艺。现在,香奈儿高级手工坊系列灵感的足迹遍布东京、纽约、蒙特卡洛、伦敦、莫斯科、上海、伊斯坦布尔、孟买、爱丁堡、达拉斯、萨尔茨堡等城市。

2. 工业产品

工业产品主要指通过现代化的机械设备,批量化高效率生产出来的产品。现在在商场、超市里出售的箱包、眼镜、帽子、包袋、徽章等基本都是工业化大批量生产出来的,满足了需求量大、价格低廉的大众需求。

3. 机械工艺、手工艺相结合的产品

在当今工业化时代的发展中,人们对服饰产品的需求又开始追求个性化,在这样的目的和需求下,很多服饰品牌开始生产机械、手工艺、电子工艺技术相结合的产品。

(四)按饰品材料分类

服饰当中的饰品的选材用料是十分广泛的,常见饰品的材料主要来自自然物质、纺织品、动物皮毛、动物皮革、人造材料。

(1)自然物质:主要来源于大自然,如贝壳、竹子、木头、绳线、钻石、水晶、陶瓷;长纤维的植物有麻类,包括大麻、苎麻、亚麻、葛、蕉麻等;短纤维的植物主要是棉花,其中包括细绒棉、长绒棉、粗绒棉。从目前编织的服装来看,人类主要使用了木头、柳条、黄草、咸水草、马兰草、金丝草、蒲草、藤条、芦竹、竹叶等植物纤维。人类还用植物染料美化服装。

(2)纺织品:纺织材料的品种很多,主要分为如下几大类。①布类:斜纹布、帆布、亚麻布、防水布、卡其布、牛仔布等。②纱类:硬质纱、网眼纱、雪纺、欧根纱、巴厘纱等。③呢类:华达呢、粗花呢、麦尔登呢。④缎类:真丝平纹绸、降落伞绸、丝质罗缎等。⑤绒类:平绒、天鹅绒、灯芯绒、摇粒绒等。

(3)动物皮毛:主要分为小毛细皮类、大毛细皮类、粗皮草类、杂皮草类。①小毛细皮类:主要包括紫貂皮、栗鼠皮(青紫兰,亦称青秋兰)、水貂皮、海龙皮、扫雪貂皮、黄鼬皮、灰鼠皮、银鼠皮、麝鼠皮、海狸皮、猸子皮等,毛被细短柔软,适宜做毛帽、大衣等。②大毛细皮类:主要包括狐皮、貉子皮、猞猁皮、獾皮等,张幅较大。常被用来制作帽子、大衣、斗篷等。③粗皮草类:常用的有羊皮、狗皮、狼皮等,毛长且张幅稍大,可用来做帽子、大衣、背心、衣里等。④杂皮草类:包括猫皮、兔皮等,适合做服装配饰,价格较低。

(4)动物皮革:真皮动物革常见的主要有牛皮、猪皮、羊皮、马皮。

(5)人造材料:合金、人造水晶、人造皮革、镀金、镀银、有机玻璃、塑料、软陶。

二、饰品的搭配法则

人类对于饰品的需求具有多重原因:一方面来自饰品本身的功能性,即保护性功能、使用功能、标志功能;另一方面来自审美需求。两种功能在形象设计时相互依赖。

饰品与服装在整体搭配时需要将总体的调和统一与艺术形式统一相结合。只有和谐的搭配才能够体现服饰的整体美,服饰搭配需要遵循TPO原则,根据着装所处的不同时间、地点、目的搭配不同的饰品,并且饰品要符合着装者的性格、体型、服装色彩,与服装风格相调和。TPO分别指的是英语中的 time、place、object,对应的中文是时间、地点、目的。TPO原则是世界通行的服饰搭配法则,帮助人们追求服饰搭配的和谐统一美。

(彭展展)

参考文献

[1] 俞涛石.美容医学艺术与形象设计[M].北京:科学出版社,2006.
[2] 郗虹,孙玉萍.面部化妆与整体设计[M].北京:学苑出版社,2004.
[3] 甘迎春,褚宇泓.化妆基础[M].北京:清华大学出版社,2014.
[4] 姜勇清.化妆与造型[M].2版.北京:中国劳动社会保障出版社,2014.
[5] 赵丽.实用美容技术[M].沈阳:东北大学出版社,2006.
[6] 张艳辉,陈素琴.形象设计[M].北京:人民邮电出版社,2011.
[7] 徐子涵.化妆造型设计[M].北京:中国纺织出版社,2010.
[8] 安洋.化妆造型技术大全[M].北京:人民邮电出版社,2013.
[9] 于江.美容医学造型艺术设计[M].北京:人民卫生出版社,2010.

本书写作过程中使用了部分图片,在此向这些图片的版权所有人表示诚挚的谢意!由于客观原因,我们无法联系到您。请相关版权所有人与出版社联系,出版社将按照国家相关规定和行业标准支付稿酬。